마음을 담아내는

부엌

일러두기
이 책의 레시피는 4인분을 기준으로 합니다.

이 도서의 국립중앙도서관 출판시도서목록(CIP)는 e-CIP 홈페이지(http://www.nl.go.kr/ecip)에서 이용하실 수 있습니다.
(CIP제어번호: 2011000603)

마음을 담아내는 부엌

음식에 정성을 더하는 스타일링

김정민 지음

앨리스

맛있는 음식에 마음 더하기

제 이름을 잘 모르는 분들도 많겠지만, '스타일리스트 김정민'으로 일한 지도 벌써 15년이 되어갑니다. 저는 그동안 잡지와 광고를 비롯해 다양한 매체에서 활동해왔고, 스타일리스트가 되고자 하는 사람들을 가르치는 일도 하고 있습니다. 처음 출판사에서 음식과 스타일링에 관한 책을 내자고 했을 때 솔직히 많이 망설였습니다. 스타일리스트로서 걸어온 길을 중간 점검하고 싶은 욕심도 생겼지만, 너도 나도 가볍게 책을 내고 사라져가는 세상에서 내가 만든 책도 그 중 하나가 되면 어쩌나 하는 두려움도 컸습니다.

스타일리스트로서 저는 나름 열심히 살아왔습니다. 일하는 것이 재미있고 즐거워서 긍정적인 '일 중독'을 경험하기도 했지요. 하지만 10여 년 넘게 일을 하다 보니 자꾸 관성에 끌려 다니는 자신을 발견하며 이를 벗어나기 위한 계기를 찾고 싶어졌습니다. 그런 상태에서 어쩌면 이 책이 나를 돌아보고, 일을 대하는 태도를 일신하게 만들어주지 않을까 하는 예감이 들었습니다. 이런저런 핑계에 가려 퇴색했던 일에 대한 열정이 여전히 내 마음에 살아 있다는 것을 느꼈기 때문입니다. 겉으로는 화려해 보이는 직업이지만, 막상 해보면 어렵고 고된 제 일을 사람들과 함께 나누고 싶기도 했습니다.

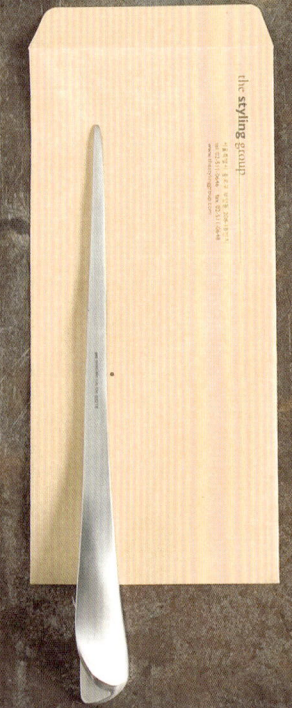

이 책이 다루는 주재료는 음식이지만, 단순히 요리책이라고는 할 수 없습니다. 저는 라이프 스타일리트로서 푸드 스타일링과 인테리어 스타일링을 함께 하는 사람입니다. 음식과 함께 스타일링을 이야기하는 것은 제게는 무척 당연한 일입니다. 굳이 말하지 않아도 음식과 테이블 세팅, 인테리어는 생활을 이루는 중요한 요소입니다. 특히 음식을 맛있게 만드는 것만으로 '요리'가 다 끝났다고 할 수 없습니다. 어울리는 그릇에 담아, 조화로운 테이블 세팅까지 더해져야 식탁이 한결 아름다워집니다. 음식을 만들고, 잘 차리는 행위에는 정성이 들어가게 마련입니다. 마음이 없으면 하기 어려운 일이고, 마음이 담겨 있으니 식탁을 마주한 이가 대접을 받는다는 느낌을 받게 됩니다. 제가 하는 일은 이처럼 마음을 눈에 보이게 표현하는 것이라 할 수 있습니다. 음식마다 맛깔스러운 이야기를 덧붙이고, 정갈하게 담기 위해 오랜 세월 수집해온 수많은 그릇들을 보고 또 보며 골랐습니다. 스튜디오의 그릇장을 살살이 살펴보면서, 새삼 스타일리스트가 안목과 취향을 갖추는 것이 얼마나 중요한지도 깨달았습니다. 식기부터 테이블 클로스까지 하나하나 음식들과 맞춰보면서 이런 즐거움을 좀 더 많은 사람들이 누리면 좋겠다는 생각을 했습니다. 제 정성이 독자 여러분의 생활을 더욱 아름답게 만드는 데 도움이 되길 바랍니다.

저는 지금도 여전히 현장에서 직접 뛰어다니고 있습니다. 저보다 어린 광고주, 기자, 사진가 들에게는 미안한 마음도 들지만, 지금 스타일리스트로 자리 잡고 활발히 활동하고 있는 제자들에게 제가 든든한 병풍 역할을 해주고 있다는 믿음에 가슴이 벅차기도 합니다. 아직도 촬영 전날에는 설레어서 잠을 설치고, 결과물이 노력한 만큼 잘 나오기를 손꼽아 기다리고, 좋은 결과물이 나왔을 때는 흐뭇해하는 제 자신을 볼 때마다 이런 천직을 갖게 된 것에 감사합니다.

미적 감각과 호기심 많은 성격을 물려주신 아버지, 섬세한 손맛과 미각을 물려주신 어머니께 이 책을 가장 먼저 보여드리고 싶습니다. 책을 함께 만들어준 남진희 님, 사진을 찍어준 김대식 님, 편집을 맡아준 주상아 님께 감사드립니다. 『마음을 담아내는 부엌』이 자랑스럽게 책장에 꽂아두고 지인에게도 선물하고 싶어지는 책이 되기를 바랍니다.

2011년 2월
김정민

사람이 있어서
더욱 맛있는 음식 이야기

소박하거나 화려하거나 정성은 하나,
초대 요리

우리 모두의 소울 푸드, 엄마의 손맛

정을 나누는 음식 선물

사람이 있어서
더욱 맛있는 음식 이야기

떡국

떡국 떡 600g, 사골 1kg, 쇠고기 100g, 달걀 1개, 대파 1대, 마늘 2쪽, 김 2장, 국간장 적당량, 쇠고기 양념장(간장 1큰술, 다진 파 2작은술, 다진 마늘 1작은술, 참기름 1작은술, 후춧가루 약간)

1 사골은 찬물에 담가 핏물을 뺀 다음 냄비에 넉넉한 양의 물과 함께 넣어 국물이 뽀얗게 우러나도록 끓인다.
2 쇠고기는 곱게 다져 분량의 양념장에 무쳐 팬에 볶는다.
3 김은 살짝 구워 부셔서 김가루로 만든다.
4 사골을 뺀 1에 다진 마늘을 넣고 국간장으로 간을 한 뒤 끓인다.
5 4의 끓는 육수에 떡을 넣은 뒤 잘 끓어올라 떡이 부드러워지면 대파를 채 썰어 넣고 달걀은 줄알치기로 뭉치지 않게 풀어 넣는다.
6 그릇에 떡국을 담고 쇠고기 볶은 것과 김가루를 올린다.

떡국을 담기에 적당한 그릇들. 떡국은 흔히 먹는 음식이지만 도기에 담아내면 훨씬 기품 있어 보인다.

요리를 통해
친구를 만나다

떡집 동병상련 대표 박경미

10여 년 전 난 푸드 스타일리스트가 아닌 다른 일을 하고 있었다. 그때도 요리를 무척 좋아해 잡지를 볼 때면 으레 요리 섹션부터 읽곤 했는데, 언제부터인가 유독 눈에 띄는 이름이 하나 있었다. 요리연구가 박경미라는 사람이었다. 그녀가 만든 요리, 그녀가 음식을 담은 모양새는 자연自然이기도 했고 잘 짜인 구도의 디자인이기도 했다. 정갈하고 남달랐다. 관심이 가기 시작하니 매월 잡지가 올 때마다 나도 모르게 그녀의 이름을 찾거나, 마음에 드는 요리 화보를 보면 그녀의 작품인지 확인하는 습관이 생겼다.

푸드 스타일리스트로서 첫 번째 작업을 하던 날은 지금도 잊을 수가 없다. 잡지 『행복이 가득한 집』과의 일이었는데, 그날 현장에서 박경미를 만났기 때문이다. 일을 시작하자마자 오랜 시간 관심을 갖고 지켜봤던 요리연구가와 함께 작업을 하다니, 신기하고 가슴 떨리는 우연이었지만 그만큼 긴장됐다.

정신없이 일을 끝내고 지쳐 있는 내게 그녀는 자신이 만든 떡국을 권했다. 박경미가 만든 궁중떡국은 기품 있는 모습만큼이나 담백하고 깊은 맛을 담고 있었다. 떡국이 줄어갈수록 자꾸 욕심이 생기고, 용기가 솟아났다. 이 사람의 다른 음식도 먹어보고 싶고, 이런 음식을 만드는 사람을 좀 더 자세히 알고 싶다는 바람으로 가슴이 뛰었다. '그래, 이 사람한테 내가 먼저 다가가자.'

원하면 이루어진다는 말이 있다. 운이 좋기도 했지만, 난 일을 시작한 지 얼마 안 돼 요리책 스타일링을 맡았고, 이를 계기로 당시 궁중음식연구원에서 10년 넘게 일하고 있던 박경미와 다시 만났다. 몇 달에 걸쳐 함께 책을 만들며 우리는 서로 다시는 안 볼 기세로 다투다가도 의견이 맞으면 금세 의기투합하며 요리를 만들고 스타일링을 하고 사진을 찍었다. 함께 일하면서 우리는 점차 친구가 되어갔다. 요리에 대한 그녀의 애정과 자신감, 그리고 늘 반성하고 성찰하며 발전하는 모습은 볼 때마다 놀라웠고 나를 돌아보게 했다. 그녀가 보여준 진정한 장인匠人의 태도는 요리와 사람이 내게 준 첫 번째 선물이었다.

월과채는 담아놓으면 간단해 보이지만, 모든 재료를 각각 볶아야 하기 때문에 손이 많이 가는 음식이다. 그런 면에서 꼭 그녀 같은 음식이다. 겉으로는 수수하지만, 알아보는 사람에게는 숨은 진가를 발휘하는 면이 그렇다. 단순히 맛있고 예쁜 것을 넘어, 자신이 만드는 음식을 먹을 사람의 식성부터 건강 상태까지 배려하려 애쓰는 마음이 그녀의 음식에는 배어 있다. 그것은 흉내 낸다고 되는 일이 아니다. 음식이 사람에게 얼마나 중요한지, 그 기본을 잊지 않기에 가능한 일이다.

월과채
애호박 1개, 느타리버섯 80g, 쇠고기 80g, 마른 표고버섯 2장, 붉은 고추 1/2개, 달걀 1개, 찹쌀가루 1과 1/2컵, 식용유 적당량, 다진 파 약간, 다진 마늘 약간, 참기름 약간, 소금 약간, 깨소금 약간
고기와 버섯 양념장 간장 1큰술, 설탕 1/2큰술, 다진 파 2작은술, 다진 마늘 1작은술, 깨소금 1작은술, 후춧가루 약간

1 애호박은 반달 모양으로 썰어 소금물에 절인 뒤 마른 면보로 눌러 물기를 없앤다. **2** 느타리버섯은 끓는 물에 소금을 넣고 데친 뒤 잘게 찢어 물기를 꼭 짠다. **3** 표고버섯은 미지근한 물에 불려 기둥을 떼어내고 물기를 짠 다음 가늘게 채 썬다. **4** 쇠고기는 곱게 다져 분량의 재료로 만든 양념장을 적당량 넣어 양념하고 남은 것으로 표고버섯을 무친다. **5** 붉은 고추는 반으로 갈라 씨를 뺀 다음 어슷하게 채 썬다. **6** 달군 팬에 식용유를 약간 두르고 애호박을 넣은 다음, 다진 파와 다진 마늘, 참기름을 약간 넣고 볶는다. **7** 데쳐놓은 느타리버섯은 참기름과 소금으로 양념하여 볶는다. **8** 양념해둔 다진 쇠고기는 팬에 볶아 접시에 넓게 펴서 식히고 표고버섯도 팬에서 볶아 식혀둔다. **9** 붉은 고추는 팬에 살짝 볶아두고 달걀은 흰자와 노른자를 나눠 지단을 부쳐 채 썬다. **10** 찹쌀가루에 소금 간을 한 뒤 익반죽해서 2배 정도 크기로 동글납작하게 빚어 달군 팬에 식용유를 두르고 노릇하게 지진다. **11** 찹쌀 전병을 먹기 좋은 크기로 썰어 애호박, 느타리버섯, 다진 쇠고기, 표고버섯, 붉은 고추, 달걀지단과 고루 섞은 뒤 깨소금과 참기름으로 마무리 양념을 한다.

궁중음식연구원에서 일하고 있던
박경미와 한 팀이 되어 만든
한복려 선생님의 요리책들.

"정민, 약식을 새로 만들어봤는데, 빨리 와서 맛 좀 봐."

이제는 동병상련이란 떡집의 주인이 된 박경미는 새로운 떡이나 한과를 개발하면 언제나 나를 부른다. 내가 떡이나 한과, 그중에서도 약식을 유독 좋아해서 맛을 감별하는 재주가 있기 때문이기도 하지만, 무엇보다 우리가 친구라 가능한 일이다. 요리 촬영을 하거나 레시피를 개발하다가 막히는 부분이 있으면 나도 자연스레 그녀에게 전화를 한다. 편하기도 하거니와, 그녀의 입에서 무심코 나오는 말이 종종 기발한 소재가 될 때가 있어 든든한 참고서를 숨겨놓은 기분이 들기도 한다. 역시 박경미는 내게 제일가는 요리 친구다.

약식을 담아내는 다양한 스타일링 제안.
보기 좋은 떡이 맛도 있는 법이다.

약식

찹쌀 5컵, 밤 10개, 대추 25개, 잣 2큰술, 황설탕 1컵, 간장 3큰술, 참기름 6큰술, 캐러멜 시럽 1큰술, 꿀 3큰술, 계피가루 1작은술, 소금 약간
캐러멜 시럽 설탕 6큰술, 물 3큰술, 더운물 3큰술, 물엿 2큰술

1 찹쌀은 씻어서 하룻밤 불린 뒤 체에 밭쳐 물기를 없앤다. 김이 충분히 오른 찜통에 젖은 면보를 깔고 찹쌀을 얹은 찜기를 올리고 40분 정도 찐다. 찌는 중간에 심심한 소금물을 뿌리면서 주걱으로 고루 섞어준다.

2 냄비에 설탕 6큰술과 물 3큰술을 넣고 끓이다가 거품이 나면서 가장자리가 타들어 가기 시작하면 불을 약하게 줄이고 고루 젓다가 전체가 진한 갈색이 되면 굳지 않도록 바로 더운물과 물엿을 넣어 캐러멜 시럽을 만든다.

3 밤은 속껍질까지 벗겨 2~4등분하고, 대추는 씨를 발라낸 뒤 2~3조각으로 나눈다. 잣은 고깔을 뗀다.

4 대추 10개에 물을 충분히 붓고 뭉근한 불에서 푹 고아 되직하게 만든 뒤 중간 체에 내려 대추내림을 만든다.

5 냄비에 밤, 대추, 설탕 3큰술, 물 1/3컵을 넣고 밤이 살짝 익을 때까지 조린다.

6 1의 찐 찹쌀을 뜨거울 때 큰 그릇에 쏟아 황설탕 1컵을 넣고 고루 섞은 뒤 대추내림과 간장, 참기름을 넣고 밥알이 으깨지지 않도록 잘 섞는다.

7 6에 캐러멜 시럽을 넣어 색을 내고 계피가루를 섞은 뒤 밤과 대추 조린 것, 잣을 넣고 섞는다. 젖은 면보나 랩을 씌워 2시간 정도 그대로 두어 찰밥 속까지 간이 충분히 배게 한다.

8 찜기에 젖은 면보를 깔고 7의 버무린 밥을 쏟아 붓는다. 그 위에 마른 면보를 덮은 뒤 40분 정도 찌다가 불을 끄고 5분 동안 뜸을 들인다. 도중에 잘 익도록 고루 섞어준다.

9 8이 뜸이 들면 꿀을 넣어 고루 섞은 뒤 1인용 그릇에 나눠 담아낸다.

딸기잼 토스트
식빵(2cm 두께) 4쪽, 버터 2큰술, 딸기잼 4큰술

1 식빵은 2cm 정도로 두꺼운 것이 맛있다. 베이커리에서 직접 구운
식빵을 그 자리에서 두께를 맞춰 썰어 구입하면 최상이다.
2 식빵을 토스트기에 넣어 노릇하게 굽는다.
3 노릇하게 구워진 식빵에 버터를 바르고 딸기잼을 덧바른다.

내 학창 시절을
풍요롭게 만들어준 친구

가수 이현우

가수 이현우는 뉴욕에서 파슨스를 다니던 시절에 만난 친구다. 우리는 4년 내내 함께 수업을 듣고, 밤을 새우며 과제를 하면서 늘 어울려 다녔다. 그 당시 나는 친구 몇 명이랑 작은 아파트를 빌려 자취를 했고, 그는 기숙사에서 생활하고 있었다. 학교 식당 음식이 질릴 때면 그는 우리 집으로 밥을 먹으러 왔다. 내 기억으론 일주일에 서너 번은 왔던 것 같다. 하도 자주 오기에 한 번은 우스갯소리로 더 이상 밥을 공짜로 줄 수 없다고 했더니, 재미있는 답이 돌아왔다. 내가 해준 밥을 먹을 때마다 노래를 한 곡씩 불러주겠다고. 내성적이고 표현이 서투른 그의 성격을 잘 아는지라 농담으로 알았는데, 밥을 먹고 나더니 정말 노래를 불러주지 뭔가. 그 다음부터 그는 밥을 먹고 나면 꼭 노래를 한 곡씩 불러주었다. 쑥스럽다며 항상 뒤돌아서서 불렀는데, 그때를 생각하면 난 지금도 그가 가수가 된 것이 놀랍기만 하다.

현우가 늘 내게 얻어먹기만 한 것은 아니었다. 가끔 간단한 간식을 만들어주기도 했는데, 재료는 별 것 아닌데도 이상하게 맛이 좋았다. 어느 날은 야외 수업에 같이 가자고 집에 들른 그가 주방에 있던 식빵에 잼을 쓱쓱 발라 먹는 모습을 보고 나도 하나 만들어달라고 한 적이 있다. 단순히 식빵에 잼을 바른 것뿐인데, 어찌나 맛이 좋던지 의아할 정도였다. 아무리 단순하고 평범한 재료도 그의 손을 거치면 특별한 맛을 풍겼다. 나중에야 알았다. 그가 그림, 음악, 요리 등 예술 분야에 남다른 재능이 있다는 것을.

유학 시절에 보던 디자인 관련 책들과 추억의 물건들.
현우와 종종 워크맨으로 노래를 같이 듣곤 했다.

지금은 미국의 어느 대학을 가도 한국 학생들을 많이 만날 수 있지만 내가 대학을 다닐 때에는 손에 꼽을 정도로 드물었다. 그래서 그렇게 서로 친하게 지내며 뭉쳐 다녔던 것 같다. 한국 식재료를 구하기도 굉장히 힘들어서, 친구들 중 누군가 집에서 음식을 보내오면 다들 모여 조촐한 잔치를 벌이곤 했다. 나도 집에서 가끔 음식을 보내왔는데, 그중에서도 오징어채 무침, 김, 명란젓, 약고추장이 특히 인기가 많았다. 우리 집에서 음식이 오는 날에는 난 으레 이현우를 불렀고, 그는 반색을 하며 만사 제쳐두고 달려왔다. 따끈한 밥에 오징어채 무침을 올려 김에 싸서 한 그릇, 명란젓을 올려 한 그릇, 약고추장에 석석 비벼서 또 한 그릇. 눈물 나게 맛있는 그 밥을 우리는 마주 보고 하하, 호호 웃으며 먹었다.

오징어채 볶음
오징어채 3컵, 참기름 1큰술, 통깨 적당량
양념장 고추장 3큰술, 고춧가루 1큰술, 간장 1큰술, 물 7큰술, 맛술 1큰술,
물엿 1큰술, 설탕 1큰술, 식용유 2큰술

1 오징어채는 물에 살짝 헹궈 체에 받쳐 물기를 뺀다.
2 냄비에 분량의 양념장을 넣고 끓이다가 오징어채를 넣고 볶는다.
3 어느 정도 조려지면 참기름과 통깨를 넣고 버무린다.

명란젓 무침
명란젓 100g, 참기름 약간, 깨소금 약간

1 명란젓은 1cm 크기로 자른다.
2 참기름과 깨소금을 살짝 뿌린다.

김구이
김 6장, 들기름 적당량, 소금 적당량

1 김에 골고루 들기름을 바르고 소금을 뿌린다.
2 석쇠에 구워 먹기 좋은 크기로 자른다.

서점 르북에서
산 외국 책들.
르북에 가면
독특한 외서들을
보느라 시간
가는 줄 모른다.

레몬 골뱅이
골뱅이 통조림 1캔 또는 자연산 골뱅이 240g, 레몬 1개

1 자연산 골뱅이는 끓는 물에 살짝 데친 뒤 먹기 좋은 크기로 잘라 소금
을 약간 뿌린다. 통조림 골뱅이일 경우에는 체에 밭쳐 물기를 뺀 뒤 먹기
좋은 크기로 자른다.
2 레몬 1개의 즙을 짜서 골고루 뿌린다.

'수집'이라는 취미의
공유자를 만나다

카페 루팡과 서점 르북 대표 여인명

나는 그릇과 책을 수집하는 취미를 갖고 있다. 특히 디자인이나 미술 쪽 책에 관심이 많아 서점을 즐
겨 찾다가 '르북Le Book'을 알게 됐다. 르북은 일반 잡지부터 각 분야의 전문서적, 흔히 볼 수 없는 빈
티지 북, 거기에 내가 가장 좋아하는 아톰 인형 컬렉션까지 갖추고 있는 재미있는 서점이다. 몇 번 드
나들다가 독특한 취향에 반해 도대체 여기 주인장은 어떤 사람인지 궁금해지기 시작했다. 그런데 주
인장 역시 자꾸 드나들던 나에게 흥미를 느꼈던 모양이다. 오기만 하면 서점을 샅샅이 훑고 다니며 분
야에 상관없이 다양한 책을 사가는 내 직업이 궁금했던 것이다.
그러던 어느 날, 우연히 어떤 책 출간 기념 파티에 갔다가 그와 마주치게 됐다. 우리 둘 다 얼떨결에 인
사를 나누고 통성명을 한 후 반갑게 대화를 이어나갔다. 르북의 주인장 여인명과의 인연은 그렇게 시
작됐다. 그날 그는 자신이 운영하고 있는 카페 '루팡'에 날 초대했다. 수년 동안 세계를 돌며 모은 전
설적인 디자인 잡지, 빈티지 아트 북, 음반과 포스터, 아트 토이 등으로 가득 찬 카페를 보며 난 여인명
이란 사람에게 점점 더 흥미를 느꼈다. 그는 컬렉터였다. 취미가 직업이 된 것이 나와 비슷하기도 했
다. 책을 비롯해 다양한 분야에 관심이 많은 공통점 덕분에 그를 만나면 끊임없이 즐거운 수다를 떨게
된다. 그뿐만이 아니다. 그가 주방에서 뚝딱뚝딱 만들어 내온 요리도 기가 막히다. 어떤 치장도 없
이 레몬즙만 살포시 뿌린 골뱅이는 내 마음처럼 상큼하고 쫄깃했다. 마음속 깊은 곳이 같은
색인 사람들이 첫눈에 서로를 알아보고 인연을 만들어가는 기쁨. 인생이 우리에게 주는 가장 큰 선물
일 것이다.

도예가 장진의 작품들.
매일 먹는 밥상부터 격식을 차린 상차림까지
어디에 내놓아도 음식을 돋보이게 해주는
그릇들이다.

외유내강의 그릇을
빚는 사람

도예가 장진

도예가 장진 선생님은 전시를 보러 간 갤러리에서 처음 만났다. 자신이 만든 그릇처럼 자그마한 체구의 장진 선생님은 멀리서 봐도 한눈에 알아볼 수 있다. 정갈한 미소를 짓는 그녀를 바라보며, 외출하기 전 딸기를 담아 먹었던 그릇을 떠올렸다. 장진 선생님이 만든 그릇은 외형적으로는 금방 깨질 것처럼 약해 보이고 색감도 차분하지만, 음식을 담아보면 뜻밖의 아름다움을 자아내 놀라곤 한다. 사용하기에도 편하고, 예상보다 단단해서 계속 손이 간다. 흔한 말이지만 '외유내강'을 몸소 보여주는 그릇들이다. 선생님이 꼭 그런 사람이기에 만들 수 있는 작품이리라.

그녀가 만든 그릇 중에서 내가 가장 좋아하는 것은 딸기 그릇이다. 아래에 조그만 구멍이 있어서 딸기를 씻어 담아놓으면 자연스레 물기가 빠져나가 끝까지 보송보송한 상태로 먹을 수 있다. 물론 딸기뿐만 아니라 체리 등 다른 과일을 담아도 된다. 처음 그 그릇을 발견했을 때 어쩌면 이렇게 작은 필요와 편리를 세심하게 살펴가며 빚어놓았을까 하고 감탄했더랬다. 무엇을 어떻게 담을지 충분히 생각한 후에 만든 것이 분명했다. 그런 마음이 담긴 그릇은 쓰는 사람을 행복하게 해준다. 세상의 모든 요긴한 물건에는 그렇듯 누군가를 배려하는 마음이 담겨 있다.

트뤼플 초콜릿

다크커버추어 초콜릿 150g, 밀크커버추어 초콜릿 50g, 생크림 150g,
코코아 파우더 130g

1 다크 초콜릿과 밀크 초콜릿 덩어리를 잘게 다진다.
2 생크림은 불에 올리고 보글거리기 시작하면 불을 끈다.
3 다진 초콜릿을 중탕으로 잘 녹이다가 식혀둔 생크림을 넣는다.
4 3의 반죽이 윤기가 돌고 찰기가 생길 때까지 한쪽 방향으로 젓는다.
5 4를 짤주머니에 넣어 개당 15g으로 모양을 낸 후 1~2시간 정도 굳히
다가 동그랗게 모양을 만든다.
6 코코아 파우더를 골고루 묻힌다.

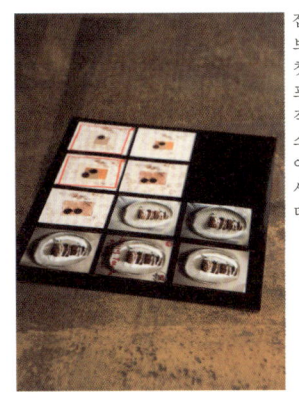

잡지 『쿠켄』에
보냈던
첫 번째
포트폴리오.
직접 만들고
스타일링한
이 트뤼플 초콜릿
사진이 나를
데뷔시켜주었다.

나를 알아주는 존재가
나를 키운다

『S 신세계 스타일』 편집장 신혜연

사회생활을 하다 보면 한 번쯤 잊지 못할 멘토, 혹은 은인을 만나게 된다. 좀처럼 기회를 잡지 못해 마음이 시릴 때 누군가 손을 내밀어준다면 그 고마움이란 말로 표현하기 어렵다. 나 역시 운좋게도 그런 사람을 만날 수 있었다. 지금은 잡지 『S 신세계 스타일』의 편집장으로 일하고 있는 신혜연이다. 꽤 오래 전, 난 다른 일을 하고 있었지만 푸드 스타일리스트가 되고 싶다는 열망 하나로 신문의 광고를 보고 요리잡지 『쿠켄』에 포트폴리오를 보낸 적이 있다. 그 당시 나에게 연락을 해온 이가 바로 당시 『쿠켄』의 편집장이었던 그녀였다.

부족했지만 내 가능성을 알아봐준 신혜연 덕분에 나는 푸드 스타일리스트로 데뷔할 수 있었고, 그때 시작된 우리의 인연은 지금까지 이어지고 있다. 내게 첫 일감을 주고, 푸드 스타일리스트로서 첫 걸음을 내딛게 해준 그녀는 여전히 나를 지지하고 응원해주는 사람이다. 나를 알아주는 사람처럼 귀한 존재가 또 있을까.

당시 보낸 포트폴리오에 트뤼플 초콜릿이 들어 있었다. 내게는 단순한 초콜릿이라기보다는 그녀와 우정을 쌓게 해준 것이라 볼 때마다 고맙다. 그래서 신혜연이 스튜디오에 들르겠다는 연락을 해오면, 옛날 생각이 나 가끔 귀한 음식 만들듯 트뤼플을 만들어 대접한다. 그녀가 오는 날이면 스튜디오엔 단내가 가득 퍼진다. 참 달콤한 인연이요, 달콤한 맛이다.

사진가 이종근과 함께 작업한 내 첫 번째 요리책.
스타일링은 물론 요리까지 직접 한 책이라 애착이 간다.

푸드 스타일리스트는 겉으로 보기에는 화려하지만 속으로는 골병이 드는 직업이라고들 한다. 작업을 할 때면 온몸의 근육이 뭉칠 정도로 몸을 쓰고, 날카롭게 정신을 벼려야 하니 당연한 얘기다. 그래서 스스로 이 일에 만족하지 못하면 오래 하기 어렵다. 10년 전 잡지 『메종』과 작업을 하며 처음 만난 포토그래퍼 이종근 실장은 푸드 스타일리스트의 어려움을 잘 알고 있는 동료다. 그는 내가 지치거나 풀이 죽어 있으면 어김없이 곁으로 다가와 눈에 힘을 주며 "실장님이 최고예요"라고 말해준다. 허풍이 섞여 있어도, 엄지손가락을 세우는 그의 능청스러운 포즈만 봐도 난 웃음이 난다. 힘들 때 의지할 수 있는 존재란 얼마나 소중한가. 게다가 말로만 날 인정해준 것은 아닌 모양이다. 그가 차린 출판사의 첫 요리책이자 내 생애 첫 번째 요리책을 함께 작업할 수 있었으니 말이다. 스타일리스트는 요리에 서툴다는 편견을 무시하고, 나의 요리를 믿어준 그가 나는 늘 고맙다.

내 생애 첫 번째 요리책을 선물 받다

사진가 이종근

표고버섯 아스파라거스 리조토

쌀 1과 1/2컵, 아스파라거스 450g, 생 표고버섯 100g, 마른 표고버섯 3~4개, 양파 1개, 무염버터 3큰술, 올리브유 1큰술, 치킨 브로스 3컵, 표고버섯 우린 물 1컵, 물 1컵, 드라이한 화이트 와인 1/2컵, 파르메산 치즈 간 것 1컵

1 쌀은 씻어서 물기를 빼고 아스파라거스는 3cm 정도로 어슷썰기 한다. 2 생 표고버섯은 4mm 두께로 채 썰고 양파는 굵게 다진다. 마른 표고버섯은 살짝 씻어 물에 불린 뒤 4mm 두께로 채 썬다. 3 냄비에 치킨 브로스를 넣고 끓이다가 아스파라거스를 넣고 3~4분간 더 끓인 다음 건져서 식힌다. 4 달군 냄비에 올리브유와 버터 1큰술을 넣어 녹인 후 2의 채 썬 표고버섯을 넣고 4분 정도 볶다가 소금과 후춧가루로 간을 하고 꺼내놓는다. 5 4의 냄비에 버터 2큰술을 녹인 후 양파를 넣고 중불에서 3분 정도 볶는다. 6 5에 쌀을 넣고 1분 정도 볶다가 화이트 와인을 붓고 졸아들 때까지 볶는다. 7 6에 3의 치킨 브로스와 표고버섯 우린 물을 한 국자씩 넣고 저어가며 20분 가량 쌀을 알덴테(al dente, 안쪽에서 단단함이 살짝 느껴지는 정도)로 익힌 다음 불을 끄고 치즈 1/2컵과 아스파라거스, 버섯을 넣고 섞는다. 뚜껑을 닫고 1~2분 정도 후 남은 치즈와 함께 낸다.

버섯 수프

양송이 500g, 마른 표고버섯 45g, 생 표고버섯 250g, 양파 1개, 치킨 브로스 2컵, 물 5컵, 우유 1/2컵, 드라이한 셰리주 1/4컵, 밀가루 3큰술, 올리브유 3큰술, 소금 약간, 후춧가루 약간

1 냄비에 물 3컵을 붓고 마른 표고버섯을 넣어 30분 정도 끓인 뒤 버섯은 건져내고 물만 따로 면보에 걸러 둔다. 2 양송이, 생 표고버섯은 얇게 채 썰고 양파는 잘게 다진다. 3 냄비에 올리브유를 두르고 중불에서 양파를 5~7분 정도 볶다가 양송이, 생 표고버섯을 넣고 3분 가량 더 볶는다. 4 냄비에 밀가루, 소금, 후춧가루를 넣고 1분 정도 밀가루가 익도록 볶은 다음 3과 치킨 브로스, 물 2컵을 넣고 끓어오르면 중불에서 버섯이 잘 익을 때까지 15분 정도 더 끓인다. 5 4를 믹서기에 넣고 간 다음 다시 냄비에 옮겨 중불에서 우유, 셰리주를 넣고 잘 저어가며 5분 정도 끓인 뒤 소금, 후춧가루로 간한다.

이종근 실장 부부가 직접 만들어온 유자청.
더운 날 시원한 물에 타서 마시면
맛도 좋지만 무엇보다 그 마음이 예뻐서 힘이 난다.

잡채

쇠고기 250g, 당면 2컵(물 4컵, 식용유 1큰술, 양념장 3큰술), 마른 표고버섯 6개(양념장 1큰술), 마른 목이버섯 6개(소금 1/2작은술, 후춧가루 약간), 느타리버섯 80g(다진 마늘 1/2작은술, 소금 1/2작은술), 양파 1개(소금 1작은술, 물 1큰술), 오이 4개(소금 1/2작은술, 참기름 1작은술), 당근 1개(소금 1/2작은술, 참기름 1작은술), 달걀 1개, 잣가루 적당량, 식용유 적당량, 간장 1큰술, 참기름 적당량

양념장 간장 3큰술, 설탕 2큰술, 국간장 1/2큰술, 꿀 1큰술, 깨소금 1/2큰술, 후춧가루 약간, 다진 파 2큰술, 생강즙 1작은술, 다진 마늘 1작은술

1 양념장은 분량의 모든 재료를 고루 섞어 만들어 당면, 쇠고기, 표고버섯 양념으로 쓴다. **2** 쇠고기는 기름이 없는 것으로 준비하여 6cm 길이로 가늘게 채 썬 뒤 양념장 3큰술을 넣어 10분 정도 재운다. **3** 센불에 달군 팬에 양념한 쇠고기를 넣고 볶다가 육즙이 흘러나오면서 하얗게 익으면 바로 꺼내 식힌다. **4** 불린 표고는 기둥을 뗀 뒤 가늘게 채 썰고, 목이도 채 썰어 각각의 양념을 넣고 버무려 기름을 두른 팬에 따로따로 볶는다. **5** 느타리버섯은 끓는 소금물에 데쳐 헹군 뒤 결대로 찢어 물기를 짜고 양념하여 팬에 볶는다. **6** 오이는 4cm 길이로 잘라 돌려 깎기하여 가늘게 채 썬 뒤 소금에 절여 물기를 꼭 짜고, 기름을 두른 팬에 넣고 센불에서 참기름을 뿌리고 재빨리 볶은 뒤 펼쳐 식힌다. **7** 당근도 4cm 길이로 잘라 곱게 채 썬 뒤 기름 두른 팬에 소금을 넣고 물을 조금 넣어가며 볶은 뒤 펼쳐 식힌다. **8** 양파는 가늘게 채 썬 뒤 팬에 기름을 두르고 소금을 넣어 타지 않게 볶는다. **9** 달걀은 노른자와 흰자를 나누어 얇게 지단을 부쳐 곱게 채 썬다. **10** 당면은 10cm 길이로 잘라 간장 1큰술과 참기름을 약간 넣은 물에 삶아 물기를 뺀 후 참기름으로 버무려 식혀둔다. **11** 재료가 다 준비되면 넓은 그릇에 고기와 당면, 볶은 야채를 넣고 고루 섞은 뒤 황백지단을 올리고 다시 한 번 가볍게 섞어 잣가루를 뿌린다.

이종근 실장의 아내는 내 제자다. 내가 딸처럼 여기는 제자와 결혼했으니, 좀 이상하긴 하지만 내 사위가 된 셈이다. 프랑스 요리를 정식으로 배웠을 정도로 워낙 요리를 잘하고 천성이 자상한 사람이라, 아내가 임신을 했을 때에는 저녁까지 먹을 밥과 찌개를 만들어놓고 출근을 했다고 한다. 요리를 잘하는 만큼 입맛이 까다로운 이종근 실장이 내가 만든 음식을 맛있게 먹는 모습을 보면 무척 뿌듯하다. 그들 부부가 작업실에 오는 날이면 난 씨암탉 잡는 장모라도 된 기분으로 그가 좋아하는 버섯이 듬뿍 들어간 음식과, 그의 아내가 잘 먹는 잡채를 해주곤 한다. 왁자지껄하게 음식을 나눠 먹은 후엔 두 사람은 으레 가방에서 뭔가 꺼내 슬쩍 내민다. 유자가 한창일 때면 유자청을 만들어오는 식이다. 손수 만든 음식을 주고받는 것은 감동적이다. 그 안에 담긴 정성의 양은 가늠할 수 없는 것이기에.

몇 해 전, 가수 이승철의 요리책을 낼 예정이니 스타일링을 해달라는 출판사의 연락을 받았을 때, 난 그 자리에서 바로 하겠다고 승낙을 했다. 보통 작업 의뢰를 받으면 내용이나 일정 등을 꼼꼼하게 따지는데, 이승철이란 이름을 듣자마자 무조건 해야겠다는 생각밖에 떠오르지 않았다. 유학 시절에도, 스튜디오에서 작업을 할 때도 그의 노래는 내 곁을 떠난 적이 없을 정도로 좋아하는 가수였으니 말이다. 책을 함께 작업하면서 나는 그가 자신이 부른 노래만큼 멋진 사람이라는 걸 알게 됐다. 무엇보다 그는 진짜 요리를 할 줄 아는 사람이었다. 칼질도 전문가 이상이고 손맛도 훌륭하며, 자신만의 레시피 또한 갖추고 있었다. 그가 만든 돼지고기 보쌈은 특별하지는 않아도 나름의 개성이 있었다. 특히 영양부추가 듬뿍 들어간 생채무침은 고기와 무척 잘 어울려 계속 손길이 갔다. 촬영 후 순식간에 사라진 것은 당연한 일. 무대가 부엌으로 옮겨졌을 뿐, 그의 라이브는 여전했다. 노래로 사람들을 끌어모으듯, 요리로 혀끝을 자극하고, 호기심을 불러일으켰다. 요리하는 남자는 노래하는 남자만큼이나 멋있다.

콘서트장이 된
스튜디오를 즐기다

가수 이승철

돼지고기 보쌈

통삼겹살 500g, 마늘 10쪽, 대파 1대, 된장 1과 1/2큰술, 커피 2큰술
양념 새우젓 새우젓 1/2큰술, 참기름 1/2작은술, 고춧가루 약간, 깨소금 약간
생채무침 무 50g, 영양부추 25g, 고운 고춧가루 1작은술, 까나리액젓 1큰술, 참기름 1/2큰술, 깨소금 약간

1 통삼겹살은 가운데 부분을 가로로 길게 갈라서 마늘을 가지런히 넣은 뒤 벌어지지 않도록 무명실로 묶는다.
2 냄비에 돼지고기가 잠길 정도의 물을 붓고 적당한 크기로 자른 대파와 된장, 커피를 풀어 넣은 뒤 1의 고기를 통째로 넣고 핏물이 나오지 않을 때까지 삶는다.
3 고기가 익으면 건져서 랩으로 단단히 감싸 모양이 흐트러지지 않게 고정시킨 뒤 그대로 식힌다.
4 새우젓은 잘게 다진 뒤 분량의 양념 재료를 넣어 조물조물 무친다.
5 무는 얇게 채 썰고 영양부추는 5~6cm 길이로 썬다. 분량의 재료로 양념장을 만든 뒤 무와 영양부추에 넣고 잘 버무린다.
6 고기가 어느 정도 식으면 랩을 벗기고 얇게 썰어서 그릇에 가지런히 담고 생채무침과 양념 새우젓을 곁들인다.

어란

어란은 숭어나 민어의 알을 알주머니째로 햇빛에 반쯤 말려서 만든 음식으로 예부터 임금님께 올리는 진상품으로 유명하다. 수작업으로 오랜 시간에 걸쳐 만드는 고가의 음식으로 가능한 한 얇게 썰어서 먹는 것이 맛있다. 특히 청주 안주로 좋은데 와인과도 그 맛이 잘 어울린다.

조개젓무침

조개젓 2컵, 풋고추 약간, 붉은 고추 약간, 식초 약간

1 조개젓은 체에 밭쳐 물기를 빼고, 풋고추와 붉은 고추는 다진다.
2 조개젓에 식초를 약간 뿌리고 다진 고추를 넣어 고루 섞는다.

새로운 와인을 경험하는 것은 큰 즐거움을 준다.

새로운 와인을 만나는 호사

와인 수입업체 비티스 상무 이혜영

꽃과 와인을 사랑하는 사람에겐 고유의 향기가 있다. 아름다운 것을 좋아하고 늘 가까이하는 덕분이다. 비티스의 이혜영 상무 역시 좋은 향을 풍기는 사람이다. 대학에서 장식미술을 공부하고 프랑스에 꽃을 배우러 갔다가 와인에 흠뻑 빠졌으니 당연한 일이리라. 그녀가 유일하게 마실 수 있는 술이 와인이었다니 그 또한 신기한 일이다. 꽃을 공부했지만, 한국에 돌아와서 와인을 수입해 소개하는 일을 하고 있는 그녀는 새로운 와인을 들여오는 날이면 늘 내게 전화를 한다. 수화기 너머로 와인 테이스팅을 하러 오라는 그녀의 말을 들으면 없던 기운도 솟아나는 것 같다. 와인처럼 깊고 담백한 그녀의 목소리는 마치 각성제처럼 일상을 깨우며 작은 소란을 일으킨다.

세상에 와인의 종류가 그토록 많다는 것 또한 정말 즐거운 일이다. 최고급이 아니더라도 새로운 와인을 경험하는 것은 늘 흥분된다. 와인 전문가가 내 미각을 믿고 의지해준다는 것도 큰 기쁨이다. 그래서 그녀가 마셔보라며 와인 잔을 건네줄 때마다 난 여러 가지 감정을 동시에 느낀다. 미지의 와인이 펼쳐줄 새로운 맛의 조합에 대한 기대, 그 맛을 제대로 느끼고 싶다는 바람과 책임감 등이 매순간 다른 농도로 뒤섞인다.

혜영 언니가 와인을 들고 스튜디오에 오면 난 부산해진다. 어떤 안주를 내놓을까 궁리하는 게 참 즐겁다. 요즘은 종종 어란과 젓갈을 안주로 내놓는다. 와인과 어란이라니, 전혀 어울리지 않을 것 같지만 뜻밖에도 이 둘의 매치는 오묘한 매력이 있어 앞으로도 자주 즐기게 될 것 같다.

엄마의 마음으로
음식을 만들어주고 싶은 사람

그래픽디자인 회사 이가 대표 이문용

그래픽디자이너인 이문용은 나와는 십년지기다. 나이가 들어서 만났고 둘 다 낯가림이 심한 편인데도 우리는 순식간에 친해졌다. 그래서 간혹 그를 보면 이렇게 친구가 될 수도 있구나, 알게 돼서 참 다행이구나 하는 생각을 한다. 운동을 좋아하고 활기가 넘치는 그는 마라톤을 완주하기도 하고, 수상스키도 열렬하게 타러 다닌다. 어느 날 한강에서 수상스키를 타고 나서 배가 몹시 고프다며 그가 찾아온 적이 있었다.

저녁을 먹기엔 좀 이른 감이 있었지만, 회사에 있는 시간이 길어 늘 바깥 밥을 먹는 그의 형편을 잘 알기에 모처럼 마음먹고 한 상 뚝딱 차려주었다. 냄비에 밥을 짓고, 찌개는 새로 끓이고, 부지런히 계란말이도 굴리고, 굴비도 한 마리 꺼내 구워 내자 그는 밥상을 보기만 해도 힘이 불끈불끈 난다고 했다. 식사를 마칠 무렵엔, 그의 눈빛이 조금 촉촉해졌다. 얼마 만에 맛보는 '집 밥'인지, 살짝 감회에 젖은 것처럼 보이기도 했다. 흔하디 흔한 말이지만, 어린 시절 엄마가 차려준 밥상을 받은 것 같다며 그는 고마움을 표시했다. 나 역시 별 것 아닌 음식을 꿀맛이라며 맛있게 먹는 그를 엄마의 마음으로 지켜보며 비워지는 그릇들을 몇 번이고 채워주었다. 내가 만든 음식을 진정 감사하며 먹어주는 이들을 지켜보는 것은 세상에서 가장 배부른 일이다.

김치찌개
배추김치 1/4포기, 두부 1/2모, 호박 1/4개, 떡국 떡 1/2컵, 대파 1/4대, 국간장 약간, 참기름 3큰술, 다시용 멸치 1컵, 물 3컵

1 멸치는 센불에 볶아 비린내를 날린 뒤 찬물 3컵을 붓고 끓인다. 끓어오르면 멸치는 건져내고 국물은 체에 밭쳐 내린다.
2 배추김치는 소를 대강 털어낸 다음 4cm 길이로 썬다.
3 두부는 4×3×1cm 크기로 썰고 호박은 반달 모양으로 썬다. 대파는 어슷 썰고 떡국 떡은 물에 담가놓는다.
4 참기름을 살짝 두른 냄비에 김치를 넣고 중간 불에서 볶는다.
5 김치가 어느 정도 익으면 준비해둔 멸치 국물을 넣고 끓인다.
6 김치가 완전히 익을 때까지 푹 끓이다가 국간장으로 간하고 호박, 떡을 넣고 5분 정도 끓인다. 이어서 두부, 파를 넣고 한소끔 더 끓인다.

계란말이
달걀 4개, 실파 3대, 양파 1/8개, 소금 1/2작은술, 후춧가루 약간, 식용유 적당량

1 달걀은 체에 내려 알끈을 없애고 양파와 실파는 잘게 썰어 놓는다.
2 달걀, 양파, 실파를 섞고 소금과 후춧가루로 간을 한다.
3 팬에 식용유를 두르고 2의 달걀 절반을 부어 약한 불에 익힌 뒤 나머지를 붓고 천천히 굴려 익힌다.
4 식기 전에 김발에 말아 모양을 잡고, 먹기 좋은 크기로 썬다.

연어 베이글 샌드위치

플레인 베이글 2개, 크림치즈 200g, 훈제연어 200g, 우유 3큰술, 후춧가루 약간, 다진 차이브 3큰술

1 베이글은 2등분하여 토스터에 굽는다.
2 크림치즈에 우유를 넣고 휘핑하여 부드럽게 만든 뒤 다진 차이브와 후춧가루를 넣고 잘 섞는다.
3 베이글에 크림치즈를 바른 뒤 얇게 슬라이스한 훈제연어를 얹어 낸다.

까사미아의 그릇이나 컵 중에는
종종 재미있고 실용적인 디자인이
눈에 띄는 것들이 있다.

음식에 담겨 있는
마음을 느끼다

까사미아 소장 최순희

일을 하다 보면 수많은 사람들을 만나게 된다. 오래 인연을 이어가는 경우는 드물지만 종종 소중한 이를 얻게 될 때도 있다. 까사미아의 최순희 소장과는 카탈로그 촬영 현장에서 처음 만나 지금도 그 인연을 이어가고 있다. 카탈로그 촬영은 대부분 하루 종일 이어지고, 종종 밤샘도 하는 작업이라 나를 포함해 스태프들은 모두 최대한 편한 복장으로 현장에 나간다. 그날도 종일 분주하게 뛰어다니느라 머리며 옷이며 엉망이었는데, 최순희 소장은 처음 만난 내게 이런 말을 했다. "정민 씨, 참 멋지네요!" 칭찬은 고래뿐만 아니라 아이도 어른도 마음속으로 춤을 추게 하는 법. 그녀의 후한 말에 나도 모르게 스트레스를 잊고 환하게 웃고 말았다.

그 이후 우리는 일 때문이 아니라 개인적으로 자주 만나는 사이가 됐다. 언젠가는 베이커리 카페를 열 계획이라며 그녀가 내게 컨설팅을 의뢰하기도 했다. 그 얘기를 듣는 순간, 난 진심으로 기뻤다. 나를 믿고 일을 맡겨준 게 고맙고, 그녀를 위해 내가 해줄 수 있는 것이 있어서 좋았다. 그때 함께 회의를 한 후 부산으로 내려가야 한다는 최순희 소장을 위해 급히 샌드위치를 만들어준 적이 있다. 기차 시간을 보니 식사를 거를 것 같아서 도시락을 싸주고 싶은 마음에 만든 것이다. 연어 베이글 샌드위치를 만들어 이왕이면 기분 좋게 드시라고 포장도 정성껏 예쁘게 해드렸다. 그 안에 감춰놓은 내 마음을 읽었는지, 전 세계를 여행하며 각종 최고급 요리를 섭렵해온 그녀가 요새도 가끔 그 샌드위치 이야기를 한다. 똑같은 재료로 만들어도 그 맛이 안 난다며 말이다.

정선 언니는 내가 알고 있는 사람들 중 가장 부지런하고 적극적인 미식가다. 새로 생긴 레스토랑에 제일 먼저 달려가고 남들은 잘 모르는 자신만의 맛집 리스트도 간직하고 있는 사람. 난 일본 출장을 가게 되면 가장 먼저 중학생 시절부터 일본에서 살았으며 지금은 일본어 동시통역사로 일하는 그녀에게 연락을 한다. 정선 언니와 함께 가야 혼자서는 알 수도 없고, 찾아갈 수도 없는 곳으로 안내를 받을 수 있으니 말이다.

한창 도쿄 시내를 돌아다니던 어느 출장길, 배가 고프다고 하자 그녀는 잠시 궁리를 하더니 끝없이 이어지는 골목으로 날 이끌었다. 길을 돌고 돌아 한참을 걸어서 당도한 곳은 허름한 이자카야. 즉석에서 오코노미야키를 만들어주는데, 그녀가 고등학생 시절부터 다니던 곳이라고 했다. 새삼 그녀가 미식가라는 것을 들먹일 필요도 없을 정도로 그 집의 오코노미야키는 일품이었다. 먹는 내내 포실하고 부드러운 그 맛에 감탄을 거듭하다가, 어떤 재료가 들어갔는지, 어떻게 만드는지 유심히 살펴본 다음 집으로 돌아와서 직접 만들어보았다. 몇 번이고 실패를 거듭하다가 어느 정도 그 집의 오코노미야키와 비슷한 맛이 나게 된 날, 바로 그녀를 초대했다.

"언니, 그 이자카야의 오코노미야키 만들어줄게. 얼른 와요."

자신 있게 큰소리를 치기는 했지만, 그녀 앞에 내가 만든 오코노미야키를 내놓을 때는 살짝 긴장이 됐다. 어지간한 맛으론 속일 수 없는 미각을 가진 사람이니까. 하지만, 언니는 정말 기껍게, 맛있게 먹어주었다. 한 입 먹을 때마다 칭찬과 고마움을 아낌없이 표현해주는 그녀를 보며 나도 행복했다. 아마, 먹고 싶다고 당장 갈 수 있는 곳이 아니기에 언니에게는 그 맛이 더욱 소중했으리라.

정선 언니에게 선물 받은 차와 향.
포장과 생김새 모두 예뻐
촬영할 때 소품으로 사용하기에
안성맞춤이다.

오코노미야키

새우 200g, 물오징어 1마리, 양배추 200g, 양송이버섯 3개, 양파 1/2개, 옥수수 통조림 150g, 실파 4대, 부침가루 1컵, 물 1과 1/4컵, 달걀 1개, 소금 약간, 후춧가루 약간, 마요네즈 적당량, 돈까스 소스 적당량, 가쓰오부시 적당량

1 새우는 껍질을 벗기고 내장을 제거한 다음 적당한 크기로 자르고, 오징어는 껍질을 벗기고 안쪽에 칼집을 낸 후 2×4cm 크기로 썰어 준비한다.
2 양배추와 양파는 2mm 두께로 채 썰고 양송이버섯은 얇게 슬라이스한다.
3 옥수수 통조림은 체에 밭쳐 물기를 빼놓고 실파는 송송 썰어둔다.
4 큰 그릇에 부침가루와 물, 달걀, 소금, 후춧가루를 넣고 잘 섞는다.
5 손질한 재료들을 4의 반죽에 넣고 달군 팬에 기름을 두르고 부친다.
6 어느 정도 익으면 한 번만 뒤집어 노릇하게 구운 뒤 마요네즈와 돈까스 소스를 뿌리고 마지막으로 가쓰오부시를 뿌려 낸다.

허름한 이자카야에서
맛본 최고의 오코노미야키

일본어 동시통역사 이정선

도예가 김선미의 작품들.
과감한 형태와 컬러가
모던 코리안 스타일의
테이블 세팅에 잘 어울린다.

내 스타일의 그릇,
내 스타일의 사람

도예가 김선미

그릇을 사러 가면 유독 눈에 띄는 것들이 있다. 형태도 색감도 다르지만 다른 것보다 손이 한 번씩 더 가는 그릇들. 도예가 김선미 작가의 작품들이 내게는 그랬다. 형태와 컬러 모두 과감한 그녀의 그릇들은 내가 좋아하는 모던 코리안 스타일의 세팅에 안성맞춤이다. 촬영할 때마다 그녀의 그릇을 자주 사용하게 되면서 우리는 작업 파트너 관계를 넘어서 친구가 됐다.

언젠가 그녀의 집에서 촬영을 했던 날, 일이 모두 끝날 즈음 주방에 구수한 청국장 냄새가 가득 퍼지기 시작했다. 스태프들을 위해 그녀가 직접 청국장을 끓인 것이다. 두부를 듬뿍 넣고 충청도식으로 만든 그녀의 청국장찌개는 기본에 충실한 맛을 냈다. 그릇 만드는 사람은 음식도 잘 만드는 모양이다. 모두들 밥 한 그릇으로 끝내지 못했을 정도로 그녀의 청국장은 자꾸 입맛을 당겼다.

음식을 다루는 일을 하다 보면, 화려한 음식이 맛있어 보이기보다는 그저 일감으로 보일 때가 있다. 사람마다 차이는 있겠지만, 음식에 조금씩 무감해지는 것이다. 그럴 때 식욕을 돋우는 것은 의외의 장소에서 만나는 평범한 음식이다. 그날 김선미가 만들어준 청국장이 딱 그러했다. 덕분에 잔뜩 긴장하며 음식을 '오브제'로 다루던 나와 스태프들의 피로는 '밥을 먹으며' 모두 씻겨나갔다.

청국장

두부 1/2모, 애호박 1/2개, 양파 1/4개, 무 100g, 배추김치 1/4포기, 대파 1/3대, 참기름 약간, 국간장 약간, 멸치다시마 국물 4컵, 청국장 1컵

1 두부는 4×5×1cm 크기로 썰고 대파는 깨끗하게 씻은 다음 어슷 썬다.
2 애호박은 깨끗이 씻어 0.5cm 두께로 반달썰기하고 양파는 1cm 두께로 썬다.
3 무는 껍질을 벗겨 연필을 깎듯이 숭덩숭덩 썰고 잘 익은 배추김치는 소를 털어내고 3cm 폭으로 썬다.
4 뚝배기에 참기름을 약간 두르고 양파를 먼저 볶다가 무를 넣은 후 멸치다시마 국물을 부어 끓인다.
5 무가 반 정도 익었다 싶으면 청국장을 풀어 끓인다.
6 5가 끓어오르면 배추김치, 애호박, 두부 순으로 넣어 끓이다가 국간장으로 간한 뒤 대파를 넣고 한소끔 더 끓인다.

스페인 여행 동안 구입한
올리브유 용기.
디자이너의 작품으로
아름답고 실용적이다.

알감자와 줄콩 샐러드

알감자 300g, 줄콩 100g, 미니 아스파라거스 100g, 올리브유 2큰술, 발사믹 식초 1큰술, 소금 1/2큰술, 통후추 간 것 약간

1 알감자는 솔로 깨끗이 씻는다. 줄콩은 꼭지 쪽만 칼로 떼어내고 깨끗이 씻는다.
2 밑동을 잘라낸 미니 아스파라거스를 끓는 소금물에 데친 뒤 찬물에 헹궈 물기를 털어낸다.
3 끓는 물에 소금을 약간 뿌리고 알감자와 줄콩을 넣고 완전히 익을 때까지 삶은 뒤 체에 밭쳐 그대로 식힌다.
4 2등분한 삶은 알감자와 줄콩, 아스파라거스에 올리브유와 발사믹 식초, 소금과 후추를 뿌려 고루 섞는다.

음식으로
추억을
이야기하다

화가 김건희

우리 집은 딸만 다섯인 딸부잣집이다. 그중 셋째 동생인 건희와는 자라면서 유독 같이 지낸 시간이 적었다. 내가 공부를 마치고 미국에서 돌아왔을 때 건희는 학교 근처의 작업실에서 살다시피 했고, 그 이후에는 스페인으로 유학을 떠났기 때문이다. 따져보면 우리가 같은 집에서 살았던 기간은 정말 짧았다. 그래서 난 늘 건희에게 특별히 마음이 쓰였다. 건희가 한창 스페인에서 공부를 하던 시절 잘 지내는지 염려돼 그 아이를 만나러 간 적이 있다. 학업과 생활에 치이며 가난한 유학생으로 사는 건희를 보니 큰언니로서 안쓰럽기 짝이 없었다. 그런 내 마음을 아는지 모르는지 건희는 오랜만에 언니가 왔다며 종종걸음으로 좁은 부엌을 오가며 부지런히 뭔가를 만들었다. 슈퍼에서 가장 싸서 사왔다는 줄콩과 알감자에 올리브유와 발사믹 식초를 뿌린 샐러드였다.

살면서 건희가 해주는 음식을 먹어본 것은 그때가 처음이었다. 머나먼 타국의 좁은 아파트에서, 동생이 나만을 위해 만들어준 그 샐러드에는 온갖 감정이 함께 곁들여졌다. 보고 싶었다는 말은 하지 않았지만, 줄콩과 감자 알알이 건희의 그리움과 사랑이 묻어 있었다. 그 샐러드가 다시는 경험할 수 없는, 유일무이한 맛을 낼 수 있었던 이유다.

1년에 6개월만 문을 열고
1년 전에 예약을 해야 식사를 할 수 있다는,
세계 최고의 분자요리 레스토랑 엘불리의
메뉴판과 명함.

당시 스페인에 머무르는 동안 난 건희와 여러 가지 추억을 만들 수 있었다. 처음으로 둘이서 여행을 떠나기도 했다. 기차를 타고 파리에 가고 로마도 다녀왔다. 동생이 어렸을 때부터 보고 싶어하던 시스티나 대성당에 있는 미켈란젤로의 천장화를 보며 둘이 호들갑을 떨며 감격하기도 했다. 스페인 사람들이 가장 즐겨 먹는 음식으로 간식 삼아 하루에 한 번은 먹는다는 타파스도 그때 처음 맛보았다. 이제 한국으로 돌아온 건희가 타파스가 생각난다고 할 때마다 종종 만들어주곤 한다. 둘이 마주 앉아 타파스를 먹는 날엔 그 옛날 여행담을 나누곤 한다. 오래전 우리 둘이 함께 지냈던 나날로 다시 돌아가는 것이다. 음식은 이렇게 시간을 돌이키고, 기억 저편에 가라앉았던 추억을 꺼내 싱싱하게 되살리는 힘이 있다.

타파스

새우 오븐구이

중하 16마리, 버터 40g, 올리브유 4큰술, 마늘 8쪽, 페퍼론치노 4개, 칠리 플레이크 1근술, 다진 파슬리 2큰술

1 오븐은 220℃로 예열한다. 2 새우는 꼬리만 남기고 머리와 껍질을 제거한 후, 등쪽을 갈라 내장을 없앤다. 3 마늘은 얇개 썬다. 4 오븐용 용기에 버터, 올리브유, 마늘, 페퍼론치노, 칠리 플레이크를 담아 오븐에 넣어 10분 정도 거품이 생길 때까지 굽는다. 5 4를 오븐에서 꺼내 새우를 나눠 담은 뒤 5~8분 정도 더 익히고 다진 파슬리를 뿌린다.

토르티아 에스파뇰라

달걀 3개, 감자 3개, 양파 1개, 올리브유 3~4큰술, 소금 약간

1 오븐은 190℃로 예열한다. 2 감자와 양파는 얇게 썬다. 3 볼에 달걀을 잘 풀고 소금을 약간 넣는다. 4 달군 팬에 올리브유를 두르고 감자를 넣어 익히다가 양파를 넣어 익힌다. 5 감자의 가장자리가 갈색으로 변하면 양파와 함께 눌러가며 익힌다. 6 풀어둔 달걀을 5의 팬에 부은 뒤 약불에서 조금 익히다가 오븐에 넣고 8~10분 정도 익힌 뒤 식혀서 낸다.

초리조 소시지 샌드위치

바게트 8쪽, 초리조 소시지 8장, 루콜라 100g, 파프리카 2개, 씨겨자 약간, 올리브유 약간, 소금 약간, 후춧가루 약간

1 파프리카는 직화로 구워 껍질을 까맣게 태운 뒤 비닐봉지에 넣어 껍질을 벗기고, 1cm 두께로 썰어서 올리브유와 소금, 후춧가루로 간한다. 2 바게트는 팬에 양면을 구워 씨겨자를 약간 바른 뒤 루콜라와 1의 파프리카, 초리조 소시지를 올려 낸다.

* 타파스란 스페인에서 메인 요리를 먹기 전에 소량으로 나오는 전채 요리로 간식 삼아 먹기도 한다. 요리 방법과 종류가 매우 다양하다.

엄마가 편식하는 아이를
위하는 마음으로

액세서리 디자이너 김연경

액세서리 디자이너 김연경은 파슨스에서 패션을 전공한 내 후배다. 10년 전쯤 파슨스 동창회에서 우연히 만나 연을 이어가고 있는, 아끼는 동생이다. 그녀가 디자인한 액세서리는 언제나 내 자랑거리다. 트렌드와 기본 두 가지 모두 충실하게 잘 살린 연경의 작품을 보면, 나도 모르게 여기저기 널리 알리고 대신 광고라도 해주고 싶어진다.

오리지널에 관심이 많은 사람답게 연경이 좋아하는 음식은 재료의 맛을 그대로 살린 것이다. 단, 문제는 가리는 것이 지나치게 많다는 점이다. 못 먹는 것이 많은 그녀를 위해 가끔 요리를 해주는데, 그럴 때면 꼭 편식하는 아이를 위해 노심초사하는 엄마가 된 기분이다. 그녀를 웃게 해주는 음식은 주로 해산물과 야채를 살짝 구워 간단한 소스를 곁들인 것들이다. 순전히 재료의 맛으로 먹어야 하는 요리라, 재료를 고를 때 여간 신경이 쓰이는 게 아니다. 그녀를 초대하면 요리하는 시간은 짧아도, 장을 보는 시간은 배로 늘어난다. 잠시의 수고를 잊게 하는 것은 역시 맛있는 음식을 먹은 아이처럼 웃는 연경의 얼굴이다. 음식을 대접한 보람을 느끼게 해주는 그 천진한 표정을 보면 내 얼굴에도 배부른 미소가 번진다.

구운 야채 샐러드

가지 1개, 주키니 호박 1개, 아스파라거스 10대, 대추토마토 20개, 발사믹 식초 3큰술, 올리브유 6큰술, 파르메산 치즈 적당량, 소금 약간, 후춧가루 약간

1 가지와 주키니 호박은 반으로 잘라 0.5cm 두께로 썰고 아스파라거스는 밑동 4cm 정도를 잘라낸다.
2 올리브유, 발사믹 식초, 소금, 후춧가루를 고루 섞은 뒤 1의 재료와 대추토마토를 한데 넣어 재워둔다.
3 달군 그릴팬에 올리브유를 두르고 2의 재료들을 노릇하게 구운 뒤 파르메산 치즈를 뿌려 낸다.

소박하거나 화려하거나
정성은 하나,
초대요리

작업실에서 장조림을 만들던 날, 면을 좋아하는 친구가 놀러왔다. 맛이 깊게 잘 밴 장조림을 보며 감탄하는 그에게 색다른 음식을 해주고 싶었다. 잠시 궁리를 하다가 국수를 삶아 장조림 국물로 간을 하고 고명으로 열무김치를 송송 썰어 넣은 다음 장조림 고기를 곁들였다. 쫄깃하고 짭조름한 고기의 씹는 맛, 열무김치의 시원하고 아삭한 식감이 무척 잘 어울린다며 친구는 눈 깜짝할 새에 한 그릇을 비웠다.

그 이후 작업실을 찾은 지인들에게 종종 장조림국수 반상을 차려주곤 하는데, 다들 그렇게 좋아할 수가 없다. 정식으로 누군가를 초대했을 때 내가기엔 가벼운 요리지만, 메인 음식을 먹고 난 후 마무리 식사용으로 제법 괜찮다. 재료는 평범하지만, 색다른 조합이라 맛보는 이들마다 신선하다는 반응이 많았으니 말이다.

정성이 담긴
장조림국수 반상

장조림국수

쇠고기 치마살 600g, 꽈리고추 150g, 메추리알 10개, 간장 3/4컵, 국간장 1/4컵, 설탕 5큰술, 저민 생강 2쪽, 마늘 6쪽, 생소면 500g, 열무김치 적당량

1 치마살을 덩어리째 준비하여 2.5cm 주사위 모양으로 썬 뒤 찬물에 담가 핏물을 뺀다. 냄비에 찬물을 넉넉히 붓고 핏물을 뺀 고기를 넣어 한 번 끓어오르면 물을 바로 버린다. 2 1의 고기에 다시 물을 붓고 끓어오르기 시작하면 불을 약하게 줄이고 30분 정도 더 끓이며 익힌다. 3 메추리알은 삶은 뒤 껍질을 까놓는다. 4 간장과 국간장, 설탕, 저민 생강과 통마늘을 넣어 30~40분 정도 조린다. 5 4에 삶은 메추리알을 넣고 10분 정도 더 조린 뒤 꽈리고추를 넣어 5분 정도 더 끓이다가 불을 끈다. 6 넉넉한 양의 끓는 물에 소금을 약간 뿌리고 소면을 넣어 한 번 끓어오르면 찬물 1컵을 붓고 끓어오르면 또 다시 찬물 1컵을 붓는다. 물이 끓어오르면 국수를 건져서 찬물에 비벼 씻은 후 체에 밭쳐둔다. 7 그릇에 면을 담고 준비해놓은 장조림과 장조림 국물을 약간 부은 뒤 열무김치를 큼직하게 썰어 얹는다.

전날에 술을 많이 마신 친구가 오면 꼭 해주는 음식이 하나 있다. 바로 오차즈케라는 일본 음식인데, 녹차에 밥을 말아 먹는 것으로 지친 속을 살살 풀어주는 데에도 좋고, 간단한 한 끼 식사로도 훌륭하다. 밥 위에 올리는 재료는 그때그때 냉장고에 있는 것을 활용한다. 나는 주로 구운 연어나 명란 또는 마를 넣는데, 특히 연어구이를 올려 먹으면 무척이나 든든하다.

친구가 후루룩 소리를 내며 마지막 밥알 하나까지 말끔히 먹어치우면, 이어서 여러 가지 과일을 섞어 만든 주스를 밀어준다. 물은 전혀 넣지 않고 냉장고에 있는 과일들을 적당히 섞어 믹서에 간 다음 체에 내려서 만드는데, 간단하지만 정성이 돋보이는 후식이다. 오차즈케와 과일주스를 먹고 나면 친구의 낯빛도 한결 맑아진다. 해장국보다 훨씬 깔끔하고, 건강에 좋은 나만의 해장법인 셈이다. 술 마신 다음 날마다 내가 생각난다는 친구의 말이 빈말은 아닐 것이다.

술 마신 친구를 위한
연어 오차즈케

연어 오차즈케
연어 200g, 밥 2공기, 녹차 6컵, 시소(차조기) 4장, 김 1/2장, 우메보시 2개, 소금 약간, 간장 약간

1 연어는 적당한 크기로 자른 후 소금으로 밑간을 하고 팬에 노릇하게 굽는다. 2 시소는 얇게 채 썰고 김은 구워서 가루로 만든다. 3 깊은 그릇에 밥을 담은 뒤 시소를 깔고 연어, 김, 우메보시를 올린다. 4 3에 준비된 뜨거운 녹차를 붓는다. 5 간장을 곁들여 낸다.

과일주스
당근 2개, 사과 2개, 오렌지 주스 2컵

1 당근은 깨끗이 씻고, 사과는 씨를 제거해 껍질째 준비한 뒤 적당한 크기로 자른다. 2 믹서에 손질한 당근과 사과를 넣고 오렌지 주스를 부은 뒤 곱게 간다.

우리 스튜디오에 카레가 있을 때 들르는 이들은 운이 좋은 사람들이다. 그 카레가 만든 지 하루 지난 것이라면 특히 더 운이 좋은 사람들이다. 카레는 만들어서 바로 먹는 것보다 하루가 지나면 훨씬 맛있기 때문이다. 카레는 하루 이틀 정도는 맛이 변할 염려 없이 느긋하게 먹을 수 있으며, 양이 많을수록 맛도 더 깊어진다. 그래서 나는 카레만큼은 늘 많다 싶을 정도로 넉넉하게 만든다.
카레는 일상적인 음식이다. 아마 누구나 자신만의 카레 레시피 하나쯤은 갖고 있을 것이다. 다 비슷할 것 같지만, 집집마다 고유의 카레 맛이 있는 것은 그 이유 때문이리라. 나 역시 나만의 카레 비법이 있다. 별 것 아니지만, 재료는 모두 큼직큼직하게 썰고, 고기는 따로 버터에 볶아 넣고, 우스터소스로 간을 하는 것이 내 카레 맛의 비결이랄까. 카레를 만드는 날이면 으레 가까운 이들에게 간단한 초대 메시지를 보낸다. "카레 만들었으니 내일 점심 때 들르세요." 그럼 바로 앞 다투어 답장이 도착한다. 그럴 때마다 우리 집 카레라이스에 반한 이들이 제법 많다는 것을 실감한다.

가장 일상적인 음식
카레라이스

카레라이스
고형 카레 125g, 쇠고기 200g, 당근 1/2개, 감자 2개, 양파 1개, 피망 1개, 양송이버섯 6개, 버터 1큰술, 우스터소스 1~2큰술, 밥 4공기

1 쇠고기, 당근, 감자는 주사위 모양으로 큼직하게 자른다. 양파와 피망은 2×2cm 크기로 자르고, 양송이버섯은 4등분한다.
2 달군 냄비에 버터 1큰술을 녹이고 쇠고기를 먼저 볶는다.
3 쇠고기가 어느 정도 익으면 우스터소스 1~2큰술을 넣고 감자, 당근을 넣어 볶다가 양파, 피망을 넣고 5분 정도 볶는다.
4 3의 냄비에 재료가 잠길 정도로 물을 붓고 모든 재료가 익을 때까지 푹 끓인 뒤 양송이를 넣고 5분 정도 더 끓이다가 고형 카레를 넣고 잘 녹을 때까지 저어가며 끓인다.
5 완성된 카레는 고슬고슬하게 지은 밥과 함께 낸다.

작업이 끝나거나, 여유 시간이 생기면 난 종종 조카를 불러 음식을 해준다. 그 아이가 가장 좋아하는 메뉴는 햄버그스테이크이다. 나는 보통 마지막에 고기 패티를 소스에 넣어 함께 조리하는데, 우연히 일본 요리 드라마 「오센」에서 소스를 따로 만들어 고기에 붓는 장면을 보았다. 어떤 차이가 있을지 호기심이 생겨서 다음에 만들 때에는 그렇게 해볼 생각이다. 햄버그스테이크 다음에는 재미있으면서도 신기한 맛의 젤리를 디저트로 만들어준다.

나는 누군가에게 음식을 해줄 때면, 사람들이 먹는 모습을 유심히 살펴보는 버릇이 있다. 대부분은 맛있다고 말해주지만, 애정 어린 충고 혹은 색다른 반응이 돌아올 때도 있다. 조카의 반응은 늘 솔직하고 엉뚱해서 난 그 아이에게 음식을 해주는 것이 무척 재미있다. 사람들의 반응에서 새로운 아이디어를 얻으면 당장 부엌으로 달려가 시도해보고 싶어서 가슴이 두근거린다. 음식은 결국 먹는 사람을 만족시키고, 행복하게 해줘야 제 역할을 다한 것이라고 할 수 있다. 그래서 난 음식을 만들고, 그보다 더 정성 들여 아름답게 차려주는 것이 늘 즐겁다. 아무리 작은 정성이라도, 반드시 미소가 돌아오는 일이기도 하고 말이다.

조카를 위한
햄버그스테이크

햄버그스테이크
쇠고기 300g, 돼지고기 300g, 양파 1/2개, 당근 1/4개, 빵가루 1/2컵, 소금 약간, 후춧가루 약간, 올리브유 약간, 할라피뇨 페퍼 약간, 달걀 5개, 밥 4공기
스테이크소스 케첩 4큰술, 레드 와인 8큰술

1 쇠고기와 돼지고기, 양파, 당근은 곱게 다진다. 2 볼에 다진 쇠고기와 돼지고기, 다진 양파와 당근, 빵가루와 달걀 1개를 넣고 소금과 후춧가루로 간을 해서 고루 섞는다. 3 2의 반죽을 동글납작하게 모양을 만든다. 팬에 올리브유를 두르고 고기를 노릇하게 익힌다. 4 각 햄버그스테이크 위에 레드 와인 2큰술과 케첩 1큰술을 뿌리고 뚜껑을 덮어 익히다가 한 번 뒤집어준다. 5 다른 팬에 기름을 두르고 달걀 프라이를 한다. 6 접시에 햄버그스테이크를 담고 그 위에 팬에 남은 소스를 얹어낸다. 7 햄버그스테이크 위에 달걀 프라이를 얹고 밥과 할라피뇨 페퍼를 곁들여 낸다.

젤리
젤로 1박스, 파파야 멜론 1/2개, 청포도 1/2송이

1 뜨거운 물 2컵에 젤로가루를 녹인 뒤 찬물 2컵을 붓고 섞는다. 2 파파야 멜론은 스쿱으로 모양을 내고 청포도는 반으로 자른다. 3 젤리를 굳힐 용기에 준비한 과일을 넣고 1의 젤로를 부은 뒤 냉장고에서 4시간 이상 굳힌다.

달콤하면서도 부드럽고, 은근한 불맛까지 함께 맛볼 수 있는 크렘브륄레는 디저트로 아주 그만이다. 모든 코스 요리를, 특히 프랑스 요리의 마무리로 크렘브륄레만 한 것이 없다. 재료도 비교적 손쉽게 구할 수 있는 편이지만, 사실 평소엔 잘 안 만들게 되는데 종종 이 디저트를 찾는 친구가 있다. 그 친구를 초대하는 날에는 꼭 크렘브륄레를 만든다. 그러다 보면 메인 요리도 이 디저트에 맞추게 되는데, 매번 다른 메뉴를 구상하는 재미가 있다.

크렘브륄레는 갈색의 표면을 수저로 살짝 부수면 티라미수보다 보들보들한 속살이 나타나는데, 바삭하게 부서지는 윗부분과 부드러운 푸딩 같은 아랫부분이 섞이면서 바닐라 향이 진하게 퍼진다. 크렘브륄레를 먹으면서 행복한 표정을 짓는 친구를 보면 초대한 보람이 느껴진다. 과일이나 케이크도 훌륭하지만, 이처럼 디저트까지 손수 만들어 대접하면 두고두고 잊지 못할 기억을 남겨줄 수 있을 것이다.

특별한 디저트
크렘브륄레

크렘브륄레
생크림 1컵, 달걀노른자 2개, 설탕 1/3컵, 소금 약간, 바닐라빈 1/2개, 설탕 6~8티스푼

1 오븐을 150°C로 예열한다.
2 작은 냄비에 생크림, 바닐라빈을 넣어 끓기 직전까지 데운 후 살짝 식힌다.
3 달걀노른자에 설탕을 넣고 거품기로 충분히 젓는다.
4 3에 2를 조금씩 섞다가 고운 체에 내려 틀에 나눠 담는다.
5 큰 베이킹 팬에 키친타월을 깔고 따뜻한 물을 자작하게 부은 뒤 4를 올려 예열된 오븐에서 20분 정도 굽는다.
6 잘 구워진 크렘브륄레는 식혀서 냉장고에 5시간 이상 보관하다가 먹기 직전에 설탕을 1큰술를 뿌린 뒤 토치로 갈색이 나게 녹인다.

집에서 직접 차리는
아버지 생신상

살면서 내가 잘하는 일 중 하나는 해마다 아버지 생신상을 직접 차려드리는 것이다. 부모님이야 내가 힘들까 봐 늘 밖에 나가서 간단히 치르자고 하시지만, 자매들이 장성한 후에는 아버지 생신이 아니면 온 가족이 한데 모이기가 어려워 더더욱 내 손으로 직접 자리를 마련하고 있다. 음식 역시 가족들이 좋아하는 것들로 골고루 장만한다. 아버지가 좋아하는 생선 요리, 어머니가 좋아하는 구절판, 첫째 동생이 잘 먹는 갈비찜, 둘째 동생이 늘 찾는 잡채 등등. 식구가 많아 양도 만만하지 않아 장 보고 음식을 만드는 데 꼬박 이틀은 걸린다. 메뉴는 늘 비슷하지만 그래도 매번 내가 만든 음식을 먹으면서 가족들이 어떤 품평을 해줄지 설렌다.

정성 들여 음식을 만든 다음엔, 고급 레스토랑에 뒤지지 않을 정도로 격식과 예의를 갖춰 테이블 세팅을 한다. 내가 가장 잘하고, 자신 있는 전문 분야이기도 하지만, 테이블 클로스부터 각종 식기에 이르기까지 하나하나 세심하게 신경 써서 꾸민다. 메뉴는 비슷할지 몰라도 테이블 세팅만은 늘 새롭게 하려고 노력하는데, 그것은 순전히 기뻐하는 가족들의 얼굴을 보고 싶기 때문이다. 가족들이 내가 차린 아름다운 식탁에 둘러앉아 한껏 먹고 마시며 웃는 풍경을 보고 있으면, 그 시간이 영원하길 바라는 소망이 생긴다.

탕평채

청포묵 400g, 쇠고기 100g, 오이 2개, 숙주 200g, 미나리 70g, 붉은고추 1/2개, 달걀 1개, 참기름 약간, 김 1/2장
쇠고기 양념장 간장 2작은술, 국간장 1/2작은술, 설탕 1과 1/2작은술, 다진 마늘 1/2작은술, 다진 파 1작은술, 참기름 1작은술, 깨소금 1작은술, 후춧가루 약간
오이채 양념장 소금 1/2작은술, 식초 1큰술, 설탕 5작은술
전체 양념 참기름 2작은술, 국간장 1큰술, 식초 2작은술

1 청포묵은 끓는 물에 데친 뒤 얇게 떠서 채 썬다.
2 쇠고기는 4~5cm 길이로 결대로 채 썬다. 분량의 재료로 만든 양념장에 쇠고기를 재웠다가 달군 팬에 참기름을 두르고 재빨리 볶아 식힌다.
3 오이는 굵은 소금으로 비벼 흐르는 물에 깨끗이 씻은 뒤 4cm 길이로 잘라 돌려깎기하여 곱게 채 썬다. 소금, 식초, 설탕을 넣고 양념한다.
4 숙주는 머리와 꼬리를 떼고 끓는 소금물에 살짝 데쳐 찬물에 헹궈 물기를 꼭 짠다.
5 미나리는 줄기만 소금물에 데친 다음 찬물에 헹궈 물기를 빼고 4cm 길이로 자른다.
6 붉은고추는 반으로 갈라 씨를 빼고 곱게 채 썬다.
7 달걀은 황백으로 나누어 지단을 부쳐 채 썬다.
8 김은 살짝 구워서 가늘게 자른다.
9 큰 그릇에 청포묵, 쇠고기, 미나리, 오이, 붉은고추를 한데 섞고 전체 양념을 넣어 살짝 무친다. 접시에 담고 지단과 김을 올린다.

구절판

쇠고기 우둔살 200g, 마른 표고버섯 30g, 석이버섯 20g, 숙주 150g, 오이 2개, 당근 1개, 달걀 4개, 참기름 적당량, 소금 적당량, 식용유 적당량, 잣가루 약간
고기와 버섯 양념 간장 2큰술, 다진 파 1큰술, 다진 마늘 1/2큰술, 깨소금 1큰술, 설탕 1/2큰술, 참기름 1/2큰술, 후춧가루 1/4큰술
밀전병 밀가루 1컵, 소금물(물 1컵, 소금 1/2작은술),
겨자초장 겨자 1/4작은술, 식초 1과 1/2큰술, 진간장 1과 1/2큰술, 물 1큰술, 설탕 1/4큰술
초간장 잣가루 1/2큰술, 식초 1과 1/2큰술, 진간장 1과 1/2큰술

1 밀가루는 체에 한 번 내려 소금물을 붓고 묽게 갠 뒤 고운 체에 걸러 반죽을 만들어둔다.
2 쇠고기는 결대로 가늘게 채 썰고, 달걀은 얇게 황백지단을 부쳐 채 썬다.
3 석이와 표고버섯은 따뜻한 물에 충분히 불린 뒤 물기를 꼭 짜고 각각 가늘게 채 썬다.
4 오이와 당근은 5cm 길이로 자른 뒤 얇게 돌려깎기하여 가늘게 채 썬다. 당근은 끓는 소금물에 따로 데친다.
5 숙주는 머리와 꼬리를 없애고 끓는 소금물에 살짝 데친 뒤 물기를 꼭 짠다.
6 오이와 당근, 숙주는 각각 소금과 참기름으로 심심하게 간한 뒤 볶아 한 김 식히고, 쇠고기, 석이버섯, 표고버섯은 각각 양념장에 버무려 볶는다.
7 약한 불로 달군 팬에 기름을 두르고 키친타올로 가볍게 닦아낸 뒤 1의 반죽을 한 숟가락씩 떠 얹어 동그랗게 모양을 잡아가며 약한 불에서 밀전병을 부친다.
8 사이사이 잣가루를 뿌려가며 접시에 밀전병을 담고 준비한 여덟 가지 재료들을 가장자리에 둘러 놓는다. 겨자초장과 초간장을 분량대로 만들어 곁들여 낸다.

생선찜

흰살생선(민어)포 12장, 무 1개, 쇠고기 100g, 당근 1/2개, 마른 표고버섯 2~3장, 풋고추 3~4개, 달걀 1개, 달걀물 1개 분, 육수 1컵
흰살생선포 양념 소금 1작은술, 후춧가루 약간, 밀가루 적당량
무채 양념 소금 1/4작은술, 실고추 약간, 생강즙 1/2작은술
쇠고기 양념 간장 2작은술, 다진 마늘 1작은술, 후춧가루 약간, 참기름 1작은술
표고버섯 양념 간장 1작은술, 참기름 약간, 설탕 1/2작은술
국물 표고버섯 불린 물, 표고버섯 기둥, 쓰고 남은 자투리 야채, 물 2컵, 소금 1작은술, 간장 1작은술

1 손질한 흰살생선은 3장 뜨기를 한 뒤 손바닥 반 정도 크기로 포를 뜬다. 소금과 후춧가루를 뿌려 밑간한 뒤 밀가루를 고루 묻혀 들러붙지 않게 둔다.
2 무는 얇게 채 썰어 소금을 뿌린 뒤 물기를 꼭 짜고 실고추와 생강즙을 넣고 버무려 붉은 물을 들인다.
3 쇠고기는 3~4cm 길이로 가늘게 채 썰어 분량의 양념을 넣고 조물조물 무친 뒤 고춧물을 들인 무와 고루 버무린다.
4 표고버섯은 미지근한 물에 불려 기둥을 떼고 물기를 꼭 짠 뒤 채 썰어 양념하고, 표고 불린 물과 기둥은 따로 두었다가 국물 우려낼 때 쓴다.
5 당근은 가늘게 채 썬다.
6 달걀은 흰자와 노른자를 나누어 지단을 부쳐 4cm 길이로 가늘게 채 썰고, 당근은 4cm 길이로 자른 뒤 채 썰어 소금에 절여 물기를 꼭 짠다. 풋고추도 씨를 빼고 가늘게 채 썬다.
7 냄비에 표고 불린 물과 표고 기둥, 채 썰고 남은 무, 당근, 풋고추 등의 자투리 야채를 넣고 물을 부어 한소끔 끓인 뒤 면보에 거른다. 거른 국물에 육수를 넣고 섞은 뒤 간장으로 색을 내고 소금으로 간을 한 다음 따뜻하게 준비한다.
8 찜기를 준비하여 밑바닥에 3의 무와 쇠고기를 반쯤 고르게 깔고 그 위에 밀가루를 묻힌 생선포를 얹은 뒤 달걀물을 고르게 펴 바른다. 그 위에 다시 무와 쇠고기, 생선을 얹은 후 달걀물을 바르고 표고채, 황백지단채, 당근채 등을 색을 맞추어 둥글게 얹는다.
9 김이 오른 찜통에 8을 넣고 찐다. 꼬치로 찔러 보아 물이 배어나오지 않으면 풋고추 채를 얹고 5분가량 더 찐 뒤 준비한 7의 뜨거운 육수를 자작하게 붓는다.

갈비찜

갈비 900g, 양파 1개, 무 1/2개, 당근 1개, 표고버섯 12장, 밤 12개, 대추 12개, 은행 30개, 달걀 1개
갈비 양념장 간장 4큰술, 국간장 3큰술, 설탕 3큰술, 배즙 2큰술, 꿀 2큰술, 다진 파 1큰술, 다진 마늘 1큰술, 생강즙 1작은술, 후춧가루 1/2작은술

1 갈비는 기름을 떼어내고 1시간 정도 찬물에 담가 핏물을 뺀 뒤 물과 함께 끓이다가 첫물은 따라 버린다. 다시 찬물을 자작하게 부은 뒤 양파를 큼지막하게 썰어 넣고 함께 끓이다가 끓어오르면 갈비를 건져 한 김 식힌 뒤 1cm 간격으로 깊숙하게 칼집을 넣어 흐르는 물에 핏물을 씻어낸다. 갈비 삶은 국물은 다시 한 번 끓인 후 면보에 걸러둔다.
2 갈비 양념장에 칼집을 낸 삶은 갈비를 넣는다. 양념이 속까지 배도록 잘 버무려 재워둔다.
3 무는 큼지막하게 썰고 밤은 껍질을 벗긴다. 표고버섯은 미지근한 물에 불려 기둥을 떼고 어슷하게 2등분한다.
4 대추는 씨를 발라 3~4쪽으로 썰고 당근은 밤과 비슷한 크기로 잘라 모서리를 다듬는다.
5 은행은 팬에 기름을 두르고 소금을 뿌려 볶은 뒤 키친타월로 비벼 속껍질을 벗긴다.
6 달걀은 흰자와 노른자를 나누어 얇게 지단을 부쳐 골패 모양으로 썬다.
7 양념에 재운 갈비와 무를 냄비에 넣고 나머지 양념장을 끼얹어 끓이다가 양념장이 자글자글 끓어오르면 1의 걸러둔 갈비 삶은 국물을 붓고 갈비가 부드럽게 익을 때까지 끓인다.
8 갈비가 어느 정도 익으면 표고버섯과 당근, 밤, 대추를 넣고 다시 한 번 푹 끓이다가 은행을 넣고 약한 불에서 잘 섞으며 조린다.
9 그릇에 갈비찜을 담고 황백지단을 고명으로 얹어 낸다.

독특한 안주, 새로운 조합
와인 주안상

이젠 까마득할 정도로 먼 초등학교 시절도 돌이킬 겸, 오랜만에 동창회에 나갔다가 열 몇 살 정도 차이가 나는 후배를 알게 됐다. 그 후배는 음식에 대단한 관심을 갖고 있었다. 맛집을 꿰뚫고 있는 것은 물론 음식에 대한 식견도 넓고, 남다른 미각까지 갖춘 보기 드문 미식가랄까. 그날 우리는 끝없이 음식 이야기를 나누었고, 이후 가깝게 지내는 사이가 됐다.

어느 날, 그가 아내의 생일 파티를 열어주고 싶다며 내게 부탁을 해왔다. 주문은 간단했다. 와인을 곁들여 맛있게 먹을 수 있는 요리. 소문난 맛집들을 서의 섭렵해온 부부인지라, 맛도 중요하지만 어디에서도 볼 수 없는 독특한 와인 주안상을 차려주고 싶다는 욕심이 생겼다.

고심 끝에 제대로 된 한식으로 전채를 내기로 하고, 우선 두부선을 내갔다. 이어서 일식 전복찜에 안주 삼아 먹을 수 있는 육포 다식과 새우 다식을 선보였다. 마지막으로 '제대로 대접 받은 느낌'을 주고 싶어서 진지상으로 갈무리했다. 고맙게도 샴페인, 화이트와인, 레드와인, 디저트와인까지 두루두루 어울리고 새로운 메뉴였다는 칭찬의 말이 돌아왔다. 맛을 음미할 줄 아는 사람들과 함께하는 즐거움이란. 짧은 시간을 나눴을 뿐이지만, 그날의 와인 주안상에는 내내 따스한 기운이 감돌았다.

두부선

두부 1모, 닭 가슴살 250g, 달걀 1개, 석이버섯 5개, 잣 적당량,
실고추 적당량
두부 양념장 소금 1/2작은술, 참기름 1작은술, 다진 파 2큰술
닭고기 양념장 생강즙 1/2작은술, 소금 1/2작은술, 다진 마늘 1/2
작은술, 다진 파 1작은술, 후춧가루 약간, 참기름 1작은술

1 두부는 흐르는 물에 씻어 칼등으로 눌러 으깨 면보에 싸 물
기를 꼭 짠 뒤 분량의 재료로 양념하고, 닭 가슴살은 곱게 다
진 뒤 양념장을 넣고 고루 버무린다. 볼에 두부와 닭 가슴살을
한데 섞은 뒤 끈기가 생기도록 충분히 치댄다.
2 달걀은 황백 지단을 부쳐 곱게 채 썰고 석이버섯은 따뜻한
물에 불려 이끼가 없도록 비벼 씻은 뒤 물기를 털고 가늘게 채
썬다. 잣은 길게 2등분한다.
3 찜기에 젖은 면보를 깔고 1의 반죽을 1.5cm 높이로 편편하
게 간 다음 지단과 석이버섯채, 잣, 실고추를 뿌려 얹는다.
4 김이 충분히 오른 찜통에 찜기를 얹고 20분간 찐 뒤 한 김
식혀 먹기 좋은 크기로 썰어 낸다.

일식 전복찜

전복 4개, 정종 8큰술

1 전복은 솔로 구석구석 비벼 씻어 흐르는 물에 깨끗이 헹군
뒤 물기를 뺀다.
2 랩 위에 전복을 얹고 전복 하나 당 정종 2큰술씩 끼얹은 뒤
랩으로 여러 겹 싸서 찜기에 넣고 3시간 이상 찐다.
3 먹기 좋게 썰어서 낸다.

육포다식

육포 100g, 깨소금 1큰술, 꿀 3큰술, 침기름 1직은술

1 육포는 표면을 한 번 닦고 불에 살짝 구워 가위로 잘게 자른다.
2 믹서기에 육포와 깨소금을 넣고 곱게 간 뒤 꿀, 참기름으로 양념하여 다식판에 적당량씩 넣고 찍어낸다.

새우다식

보리새우 50g, 깨소금 2큰술, 꿀 3큰술, 참기름 2작은술, 간장 약간

1 보리새우는 마른 팬에 볶아 면보에 싸 가볍게 비빈 뒤 체에 쳐서 새우에 붙은 까슬까슬한 것들을 없앤다.
2 믹서에 보리새우와 깨소금을 넣고 곱게 간 뒤 꿀, 참기름, 간 장으로 양념하여 다식판에 적당량씩 넣고 찍어낸다.

여자 친구들을 위한
이탈리언 음식상

오래 활동했던 강남에서 강북으로 스튜디오를 옮기면서
자연스레 집도 옮기게 됐다. 집들이는 스튜디오 오픈파
티로 대신했고, 집으로는 가까운 여자 친구들 몇 명만 초
대했다. 격식을 갖출 필요가 없고 나도 같이 어울려야 하
는 모임이므로 가능하면 손이 많이 가지 않는 음식을 하
기로 했다. 우선 샐러드 용 채소들을 깨끗이 다듬어놓고,
최고급 스테이크 고기에 소금, 후추, 올리브유, 와인으로
밑간을 해놓았다. 여자 친구들과의 모임에서는 미리
만들어놓은 음식을 서빙하기보다는 수다 떨면서
같이 만들어 먹는 것이 더 재미있다.
스테이크는 팬에서 지글거리며 익어가고, 안초비 파스타
에 토마토크림 수프를 곁들이고 시저 샐러드는 로메인
레터스를 자르지 않고 통째로 소스에 버무려 담은 다음
파르메산 치즈를 큼직하고 얇게 썰어 얹는다.
일에 몰두하느라 대부분 싱글인 친구들과 모이면 연애와
일 이야기만으로도 수다꽃이 핀다. 이럴 때엔 역시 이탈
리언 음식이 흥을 돋우는 데 제격인 것 같다. 맛있는 음
식, 와자지껄한 분위기에 술이 곁들여지면 어느새 시간
은 자정을 훌쩍 넘겨 새벽으로 달려가기 일쑤다.

토마토크림 수프

토마토 900g, 양파 1개, 당근 2개, 치킨 브로스 2컵, 생크림 5큰술, 버터 2큰술, 파슬리 2큰술, 타임 적당량, 소금 약간, 후춧가루 약간

1 당근, 양파, 파슬리, 타임은 다져놓고 토마토는 끓는 물에 살짝 넣었다 꺼내 껍질을 벗겨 4등분한다.
2 냄비에 버터를 녹인 뒤 양파를 5분 정도 볶다가 토마토, 당근, 치킨 브로스, 파슬리, 타임을 넣고 끓어오르면 불을 줄이고 뚜껑을 덮어 15~20분 정도 재료가 익을 때까지 끓인다.
3 2를 믹서에 넣어 간 뒤 냄비에 붓고 생크림을 넣고 다시 한번 끓인다. 소금, 후춧가루로 간하고 타임을 얹어 낸다.

시저 샐러드

로메인 레터스 2통, 파르메산 치즈 100g, 소금 약간, 후춧가루 약간
드레싱 안초비 9개, 레몬즙 3큰술, 디종 머스터드 1과 1/2큰술, 마늘 2개, 엑스트라 버진 올리브유 1/2컵
크루통 바게트 30g, 올리브유 약간, 파슬리 약간

1 안초비와 마늘을 곱게 다져 레몬즙, 디종 머스터드와 함께 고루 섞은 뒤 엑스트라 버진 올리브유를 조금씩 부어가며 거품기로 저으며 섞는다. 이어서 소금과 후추로 간을 한다.
2 로메인 레터스는 흐르는 찬물에 씻고 물기를 제거한 뒤 드레싱을 뿌리고, 파르메산 치즈를 강판에 갈거나 얇게 슬라이스해서 뿌린다.
3 바게트에 올리브유를 발라 구운 뒤 파슬리를 뿌리고 작은 큐브로 잘라 샐러드에 얹어 낸다.

안초비 파스타

스파게티니 면 400g, 안초비 80g, 마늘 25개, 페퍼론치노 8개,
올리브유 4큰술, 루콜라 약간, 소금 약간, 후춧가루 약간

1 큰 냄비에 1%의 소금물을 끓여 스파게티니 면을 넣고 알덴
테 상태가 되도록 삶은 뒤 체에 밭쳐 물기를 뺀다. 면 삶은 물
1컵은 버리지 말고 따로 둔다.
2 마늘을 0.3cm 두께로 가늘게 썬다. 페퍼론치노는 반으로 자
른다.
3 안초비는 기름을 빼고 적당한 크기로 자른다.
4 올리브유를 두른 팬에 마늘, 페퍼론치노를 넣고 볶다가 안초
비를 넣고 함께 볶는다.
5 4에 스파게티니 면을 넣고 고루 섞은 다음 소금, 후춧가루로
간하고 1의 면 삶은 물로 농도를 조절한 뒤 루콜라를 곁들여
낸다.

스테이크

스테이크용 쇠고기 4덩어리, 올리브유 적당량, 소금 약간, 후춧가
루 약간, 로즈마리 약간, 와인 약간

1 스테이크용 고기에 소금, 후춧가루로 밑간을 하고 올리브유
를 손으로 골고루 문지른 뒤 로즈마리를 약간 넣고 재운다.
2 그릴 팬에 올리브유를 바르고 뜨겁게 달군 뒤 고기를 굽다
가 윗면으로 핏물이 올라오면 뒤집어 마저 익히고 마지막에
와인을 약간 뿌려 잡내를 증발시킨다.

스키야키

샤브샤브용 쇠고기 500g, 알배기 배추 2통, 팽이버섯 150g, 생 표고버섯 6개, 실곤약 200g, 두부 1모, 대파 3대, 쑥갓 약간, 달걀 4개, 버터 1큰술
간장소스 간장 1/2컵, 정종 1/4컵, 흑설탕 6큰술

1 배추, 대파, 쑥갓은 깨끗이 씻어 물기를 제거하고 4cm 길이로 썬다. 팽이버섯은 밑동을 쳐내고, 표고버섯은 1cm 넓이로 어슷하게 썬다.

2 두부는 3×5×1cm로 자르고, 실곤약은 바락바락 씻어 헹군 뒤 체에 받쳐 물기를 제거한다.

3 일본식 도자기 냄비를 달궈 버터를 녹이고 분량의 쇠고기 중 1/3 가량을 넣어 볶는다.

4 쇠고기가 어느 정도 익으면 간장 소스를 3큰술 정도 붓고 볶다가 불을 줄인 뒤 나머지 재료들의 절반만 가장자리를 따라 돌려 담는다. 간장 소스를 4큰술 정도 뿌리고 뚜껑을 덮어 끓인다.

5 개인 접시에 날달걀을 풀어 익은 재료를 건져 찍어 먹는다. 나머지 재료들은 계속 식탁에서 끓여 가며 먹는다.

동료들을 위한
스키야키 초대상

같이 일하는 동료들을 초대할 때 나는 우리나라의 전골
이나 일본의 나베 요리를 준비하곤 한다. 특히 스키야키
를 자주 하는데, 그 이유는 간단하다. 동료들 대부분이
음식 관련 일을 하는 사람들이라 될 수 있으면 흔하지 않
은 음식을 해주고 싶기 때문이다.

사실 스키야키를 내놓으면 다른 음식이 별로 필요 없어
서 무척 편하다. 이것 하나만 준비하면 밑반찬 외엔 별다
른 것이 없어도 괜찮다. 쇠고기와 배추, 버섯, 곤약, 두부,
쑥갓 등 재료도 쉽게 구할 수 있는 평범한 것들이지만, 한
번 먹어본 이들은 가끔 그 맛을 잊을 수 없다고들 한다.
맛있는 스키야키를 만드는 조건은 의외로 간단하
다. 배합이 잘 된 간장소스와 신선한 달걀, 이 두
가지만 지켜주면 된다. 스키야키처럼 손이 덜 가면서
제대로 한 상 차렸다는 느낌을 주는 초대 요리는 드물다.
요리에 서툰 사람이라면 초대 요리 메뉴로 꼭 스키야키
를 골라보라고 권하고 싶다.

우리 모두의 소울 푸드,
엄마의 손맛

어린 시절부터 내 생일이면 엄마는 으레 딸기화채와 율란을 해주셨다. 내 생일이 4월이라 딸기가 지천이었던 까닭에 그러셨던 것 같다. 화채는 딸기랑 바나나를 듬뿍 넣고 사이다를 부은 다음 아이들에게 인기 만점이었던 '오렌지탱' 가루를 넣고 잘 저어주셨고, 율란은 동글동글하게 빚어 잣가루를 골고루 묻혀서 만들어주셨다. 딸기화채의 새콤달콤한 맛과 율란의 부드러운 맛이 어찌나 잘 어울리던지, 생일이면 종일 음식들을 손에서 놓지 못했던 기억이 난다.

미국으로 유학을 갔을 때, 생일이 다가오는 봄이면 딸기화채와 율란이 얼마나 먹고 싶었는지 모른다. 한번은 이렇게 끙끙 앓기만 할 게 아니라 직접 만들어보자는 생각에 어설프게 비슷한 재료들을 끌어모은 적이 있다. 그런데 밤을 구하기가 어려워 통조림 밤을 사다가 만들었더니 너무 질어서 잘 뭉쳐지지 않았다. 지금 생각하면 어이가 없지만, 그때는 그게 그렇게 서러울 수가 없었다. 망가진 율란을 보면서 엉엉 울었던 그날 밤을 떠올리면, 기실 서러웠던 이유는 따로 있었다는 것을 이제는 안다. 나만을 위해 정성껏 율란을 만들어주는 엄마가 몹시 그리웠던 것이다.

엄마가 만들어준 생일 음식,
딸기화채와 율란

딸기화채
딸기 350g, 사과 1개, 바나나 2개, 레몬 1개, 사이다 1.5리터, 설탕 3큰술,
애플민트 약간

1 딸기는 꼭지를 떼고 반으로 잘라 준비한다.
2 사과와 바나나는 적당한 크기로 잘라 레몬즙을 뿌려둔다.
3 사이다에 설탕을 넣고 잘 녹인 뒤 나머지 레몬즙을 짜 넣고 준비해둔 과일을 넣어 섞는다.

율란
밤 20개, 계피가루 1작은술, 꿀 3큰술, 소금 약간, 잣가루 약간

1 밤을 25~30분 정도 삶아 푹 익으면 껍질을 까서 뜨거울 때 중간체에 내려 고운 가루로 만든다.
2 밤가루에 계피가루와 꿀, 소금을 넣고 반죽한 다음 원하는 모양으로 빚어 한쪽 끝만 잣가루를 묻힌다.

율란을
모양내는
다양한 방식들.
밤 모양으로
만드는 것이
전통 방식이다.

멸치를 넣은 깻잎찜은 오랜 세월 우리 집 식탁에서 빠지지 않는 반찬이다. 어렸을 때부터 대수롭지 않게 여겨 홀대하며 먹었던 반찬인데, 막상 외국에서 살아보니 그 맛이 그렇게 그리울 수가 없었다. 방학 때 잠깐 집에 다니러 왔다 돌아갈 때면 엄마는 늘 깻잎찜을 새로 만들어 한 통 가득 싸주시곤 했다. 다른 어떤 선물보다 든든하고 반가운 것은 언제나 엄마가 싸주시는 반찬 꾸러미였다.

그때 같이 공부하던 친구 한 명이 결혼해 아이를 가졌는데, 입덧이 심해서 아무것도 못 먹는 것이 안타까워서 엄마가 싸준 깻잎찜을 올려 밥상을 차려준 적이 있었다. 전날까지 음식은 입에 대지도 못하던 그녀가 거짓말처럼 밥 한 그릇을 비우는 모습을 보며 '엄마 손맛'의 위력을 실감했더랬다. 엄마가 일찍 돌아가신 그 친구는 엄마표 맛에 기뻐서 울고, 나는 신나서 웃던 그날, 새삼 엄마의 깻잎찜이 고맙고 또 고마웠다.

엄마표 깻잎찜은 좋은 멸치를 깻잎 사이에 켜켜이 넣고 살짝 찌는 것이 특징이다. 평범하지만 몸이 기억하고 기꺼이 받아들이는 그 맛은 누구도 흉내 낼 수 없다.

좋은 깻잎과 멸치를 사용하는 것이 맛있는 깻잎찜을 만드는 첫 번째 비결이다.

깻잎찜
깻잎 200g, 멸치(중간 크기) 30g, 식초 약간
양념장 조선간장 2큰술, 간장 2큰술, 통깨 약간, 물 2큰술, 고춧가루 1과 1/2큰술, 청양고추 1개, 다진 마늘 2작은술, 송송 썬 파 2큰술

1 멸치는 머리와 내장을 없애고 반으로 가른다.
2 손질해놓은 멸치와 양념장을 잘 섞는다.
3 깻잎은 식초 몇 방울을 섞은 찬물에 잠시 담궜다가 한 장 한 장 깨끗이 헹군 뒤 물기를 뺀다.
4 냄비에 깻잎 5~6장마다 멸치 양념장을 켜켜이 올린다.
5 뚜껑을 덮고 센 불에서 5~10분 정도 끓여 익힌다.

밥상의 터줏대감,
깻잎찜

어린 시절, 나는 그다지 활달한 성격은 아니었지만 반에서 꽤 인기 있는 아이였다. 친구들과도 잘 어울렸는데, 특히 아이들은 우리 집에 오는 것을 참 좋아했다. 지금 생각해보면 친구들이 우리 집에 자주 놀러 왔던 이유는 아마 엄마의 떡볶이 때문이었던 것 같다. 엄마만의 독특한 레시피로 만든 그 떡볶이는 무척이나 특이하고 맛있었으니 말이다.

엄마의 떡볶이는 몹시 맵고 달았다. 쇠고기도 잘게 다져서 넣었고, 그 당시 미군부대가 아니면 구하기 어려웠던 캔 옥수수도 듬뿍 들어갔다. 엄마가 직접 담근 고추장 맛도 매콤함에 일조를 했다. 가끔 아이들이 나를 부러워하고, 떡볶이 잘하는 엄마가 최고로 자랑스러웠던 그 시절을 떠올리며 엄마의 방식대로 만들어 먹곤 한다. 그런데 역시 고추장이 다르기 때문일까? 아무리 그 맛을 떠올리며 만들어도 뭔가 빠진 듯한 느낌이 드는 것은 어쩔 수 없다.

친구들과 나눠 먹던 떡볶이

떡볶이
떡볶이용 알떡 600g, 쇠고기(우둔살) 100g, 옥수수 통조림 150g, 식용유 약간
양념장 고추장 3큰술, 물엿 3큰술, 설탕 1/2큰술, 다진 마늘 2큰술, 참기름 1큰술, 물 적당량

1 떡은 찬물에 5분 정도 담갔다 체에 밭쳐둔다.
2 옥수수 통조림은 체에 밭쳐 물기를 없앤다.
3 쇠고기는 핏물을 닦아낸 뒤 곱게 다진다.
4 달군 팬에 식용유를 두르고 쇠고기를 넣고 센불에서 볶다가 옥수수를 넣는다.
5 중간불로 줄인 후 양념장과 떡을 넣은 다음 양념이 고르게 배도록 저으면서 볶는다.

엄마가 오랜 세월 아끼며 사용해온 유리물병과 컵들. 떡볶이를 먹을 때에는 늘 여기에 얼음물을 가득 채워주셨다.

내가 지금껏 살면서 큰 복이 있다면, 삼시 세 끼 늘 엄마가 챙겨주는 밥을 먹으며 자랐다는 것이다. 엄마는 좀처럼 식사 시간에 집을 비우는 일이 없었다. 간혹 어쩌다 급한 일이 생겨서 엄마가 외출을 하면 대신 아버지가 볶음밥을 만들어주셨다. 잠깐이지만 엄마가 자리를 비운 티가 금세 나는 어린 자식들의 끼니를 챙겨주기 위해 볶음밥을 만드는 아버지의 모습은, 흡사 배고프다며 입만 벌리고 있는 새끼 새 다섯 마리에게 먹이를 물어다주는 아빠 새 같았다.

점심시간이 조금 지난 일요일 오후, 냉장고에 있는 재료들을 한데 넣고 만든 볶음밥을 커다란 프라이팬에 담은 채 동그랗게 모여 앉아 먹었던 시간들. 특별할 것 하나 없는 음식이지만 그때는 꼭 신기한 별식을 먹는 것처럼 즐거웠다. 고슬고슬하게 볶은 밥알의 감촉이 아직도 혀끝에 느껴지는 것 같다. 다섯 아이를 키우는 젊은 아버지가 최선을 다해 열심히 만든 볶음밥만큼 정겨운 음식이 또 있을까.

일요일 오후,
아버지가 만들어준
김치볶음밥

볶음밥
찬밥 3그릇, 스팸 200g, 배추김치 200g, 참기름 2큰술, 깨소금 약간, 김 1장

1 배추김치와 스팸은 같은 크기로 잘게 썬다.
2 김을 구워 김가루로 준비해둔다.
3 달군 팬에 참기름을 두르고 스팸을 노릇하게 볶다가 김치를 넣고 물기가 거의 없어질 때까지 볶은 뒤 찬밥을 넣어 고루 섞는다.
4 깨와 김가루를 뿌려 낸다.

엄마가 아끼던
믹싱볼들.
볶음밥 등
일품요리를
먹을 때 쓰기에
편하다.

앞에서도 말했지만 우리 집은 딸 부잣집이다. 고만고만한 터울의 딸들 다섯을 키우면서도 부모님은 우리에게 한결같은 정성을 쏟아주셨다. 가족이 많은 만큼 어려움도 적지 않았을 텐데 돌아보면 어떻게 그렇게까지 할 수 있을까 싶을 정도로 두 분 모두 성실하게 우리를 돌봐주셨다. 특히 먹는 것에 유난히 신경을 쓰며 챙겨주셨다. 요리는 주로 엄마가 했지만, 음식에 관심이 많고 맛있는 것을 좋아하는 아버지는 특이하게도 종종 콩국물을 만들어주시곤 했다. 엄마가 아침마다 새로 갈아서 만들어주시는 과일 주스가 다소 지겨워질 즈음, 아버지는 용케도 그때를 잘 맞춰 콩국물을 내놓으셨다. 물론 당신이 직접 콩을 불리고 삶고, 일일이 껍질을 벗긴 후 갈아서 만든 것이었다. 고소하고 진한 콩국물을 아침에 마시면 점심때까지 든든했다. 다섯 딸들은 아버지의 사랑과 영양이 가득한 콩국물에 늘 배가 든든했다. 이젠 가끔 집에 들를 때마다 내가 두 분을 위해 콩국물을 만들어 간다. 갓 갈아서 신선하고 뽀얀 콩국물을 따라 드리면 아버지는 꼭 그 시절 이야기를 하신다. 어렸을 적 먹었던 음식만큼 가족의 추억을 되살려주는 것이 또 있을까 싶다.

고소하고 진한
정성 콩국물

서리태는
단백질이 매우
풍부하고
항산화 효과가 높아
건강식으로 매우
훌륭하다.

콩국물
서리태 2컵, 물 2와 1/2컵

1 서리태는 하룻밤 정도 물에 불린다.
2 불린 콩을 냄비에 담고 넉넉하게 물을 부어 25분 가량 삶는다.
3 삶은 콩에 찬물을 붓고, 손으로 비벼가며 껍질을 벗긴다.
4 믹서에 껍질을 벗긴 콩, 물 2와 1/2컵을 넣고 간다.
5 콩국물을 컵에 담아 천일염을 곁들여 낸다.

쑥버무리는 많은 이들이 들어서 이름만 알 뿐, 실제로 먹어본 적은 별로 없는 음식 중 하나일 것이다. 나는 이것을 어렸을 때부터 자주 먹어왔다. 엄마의 특기였던 덕분이다. 깨끗이 씻은 쑥의 물기를 턴 다음 밀가루를 묻혀 찌기만 하면 되니 이처럼 만들기 쉬운 음식이 또 있을까 싶지만 꼭 그렇지만은 않다. 오랜 시간 쑥버무리를 만들어온 엄마만의 노하우와 타이밍을 난 여전히 따라갈 수가 없다.

엄마는 쑥이 돋아나는 철이면 늘 쑥버무리를 잔뜩 만들어놓으셨는데, 묘하게도 이 음식은 반찬으로도 훌륭하고, 출출한 늦은 오후 간식으로도 손색이 없다. 양념장을 곁들이면 짬조름한 밥 반찬이요, 그냥 먹으면 물씬 풍겨오는 쑥 향과 보슬보슬한 밀가루의 식감이 계속 입맛을 당긴다. 쑥이 더 이상 나지 않을 때면 어린 깻잎으로 버무리를 해먹곤 했는데, 둘 다 우리 집 식탁에서 떨어지는 날이 없었다. 나와 동생들이 지금도 가장 좋아하고 그리워하는 음식 역시 쑥버무리다.

봄날 밥상의 단골, 쑥버무리

봄이면 지천에 쑥이 돋아난다.
쑥의 향을 즐기고 싶다면 버무리를 만들어보자.

쑥버무리
쑥 200g, 밀가루 적당량,
양념장 간장 2큰술, 국간장 1/2큰술, 참기름 1작은술, 다진 파 1큰술,
깨소금 1작은술

1 쑥은 깨끗이 씻어 체에 밭쳐 물기를 충분히 뺀다.
2 찜통에 김이 오르면 쑥에 밀가루 적당량을 뿌려 털어낸 뒤 넣고 찐다.
3 5~10분 정도 찐 뒤 양념장을 곁들여 낸다.

유학을 마치고 한국으로 돌아와 디자인 사무실에 다니던 시절, 엄마는 아침마다 주먹밥을 만들어 현관 앞에 놓아주셨다. 출근길에 먹으라는 배려였다. 거기에 늘 과일 한두 가지를 손질해 이쑤시개까지 꽂아서 곁들이고, 마실 것도 잊지 않고 챙겨주셨다. 엄마의 정성을 받는 이는 나뿐만이 아니었다. 아빠 몫을 비롯해 현관에는 늘 다섯 자매의 아침거리가 든 봉투가 나란히 놓여 있었다. 어떻게 하루도 빼놓지 않고, 무려 여섯 명의 아침식사를 준비할 수 있었을까. 가끔 엄마라는 존재가 무척이나 고맙고 신기할 때가 있다. 이런 사랑을 이처럼 당연하다는 듯 받아도 되나 하는 벅찬 감정이 느껴지기도 한다.

아침에 일어나면 부엌엔 늘 고소한 참기름 냄새가 감돌았다. 참기름과 깨소금으로 간을 하고, 직접 담근 총각김치를 잘게 다져넣은 엄마의 주먹밥은 몇 년 동안 매일 먹어도 좀처럼 질리지 않았다. 자식을 사랑하는 마음이 담긴 주먹밥 덕분에 난 아침을 거른 적이 거의 없다. 지금도 늘 아침은 잘 챙겨먹으려고 노력하는 편이다. 엄마의 주먹밥으로 채우지 못한 속이 허전하다고 신호를 보내기 때문이다.

출근길을 든든하게 챙겨주는 주먹밥

커다란 주먹밥을 가르면 잘게 자른 총각김치가 나온다. 매일 먹어도 질리지 않는 엄마표 주먹밥이다.

주먹밥
밥 3공기, 총각김치 적당량, 참기름 1큰술, 깨 1큰술, 김 2장, 소금 적당량

1 밥에 소금, 깨, 참기름을 넣고 잘 버무린다.
2 총각김치는 무 부분만 주사위 모양으로 잘게 자른다.
3 김은 살짝 구워 길게 자른다.
4 1의 밥을 적당량 덜어 손으로 뭉친 뒤 안에 다진 총각김치를 넣고 먹기 좋은 크기로 만들어 김으로 감싸준다.

운 좋게도 난 경상도 출신의 엄마, 전라도 출신의 아버지 슬하에서 자랐다. 운이 좋다고 말한 이유는 어렸을 때부터 양쪽 집안, 즉 양쪽 지역의 제사 음식을 맛볼 수 있었기 때문이다. 부모님은 늘 큰집 제사에 나를 데리고 다니셨는데, 나는 제사 음식만 보면 눈을 빛내며 달려들던 꼬마였다. 그중 특히 돔배기(상어고기)전, 오징어전, 마전을 가장 좋아했는데, 커다란 바구니에 각종 전이 산처럼 쌓여 있는 광경을 보며 빨리 먹고 싶어 안달하며 제사가 끝나기만을 바랐던 기억이 있다.

나이가 들어서는 공부며 일이며 바쁘다는 핑계로 좀처럼 집안 제사에 참여하지 못하는데, 불쑥 그 시절 먹었던 전들이 떠오를 때가 있다. 엄마는 내가 좋아한다는 이유로 종종 오징어전과 마전을 해주셨는데, 제사 때 먹던 것과 똑같으면서도 다른 맛이 늘 오묘했더랬다. 같은 재료, 같은 솜씨인데 특별한 분위기 혹은 특별한 상황과 결합되면 음식은 맛이 달라진다.

우리 집 오징어전은 마른 오징어를 하룻밤 불려서 사용한다. 충분히 불린 다음엔 골고루 잘 두들겨 간장 간이 잘 배게 하는 것이 비법이라면 비법이다. 마 역시 적당한 두께로 썰어 소금간을 한 후 밀가루와 달걀옷을 입혀 부치면 끝이다.

요즘은 한정식 집이나 전 전문점에서도 이 전들을 맛보기 어렵다. 내가 가장 좋아하는 음식들이 사라져가고 있는 것이다. 엄마의 맛을 기억하듯 이 음식들의 맛을 이제는 내가 지켜가고 싶다.

오징어전과 마전
마른 오징어 1마리, 달걀 2개, 마 1개, 소금 적당량, , 밀가루 적당량, 식용유 적당량
오징어 양념 간장 1과 1/2큰술, 깨소금 1작은술, 참기름 1/2작은술, 다진 마늘 1작은술

1 다리 부분을 제외한 마른 오징어는 하룻밤 물에 불려둔다.
2 오징어 껍질을 벗긴 후 연육기를 사용해 앞뒤로 여러 번 두들긴 뒤 양념장에 재운다.
3 마는 깨끗이 씻어 껍질을 벗기고 0.8cm 두께로 썰어 소금으로 살짝 밑간을 한다.
4 양념장이 잘 밴 오징어와 손질한 마에 각각 밀가루와 달걀물을 입힌 뒤 달군 팬에 식용유를 두르고 노릇하게 부친다.

추억의 맛,
오징어전과 마전

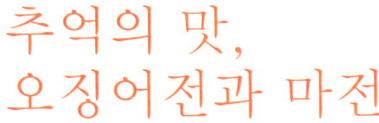

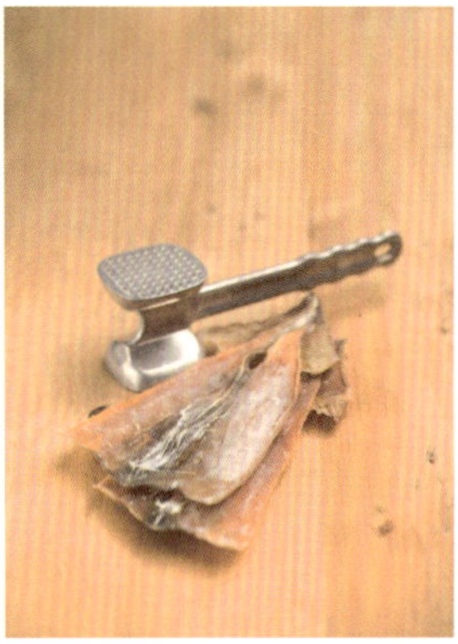

오징어전을
맛있게 만드는
비결은 마른
오징어를
물에 불린 후
잘 두드리는
것이다.
고기망치를
사용하면
편리하다.

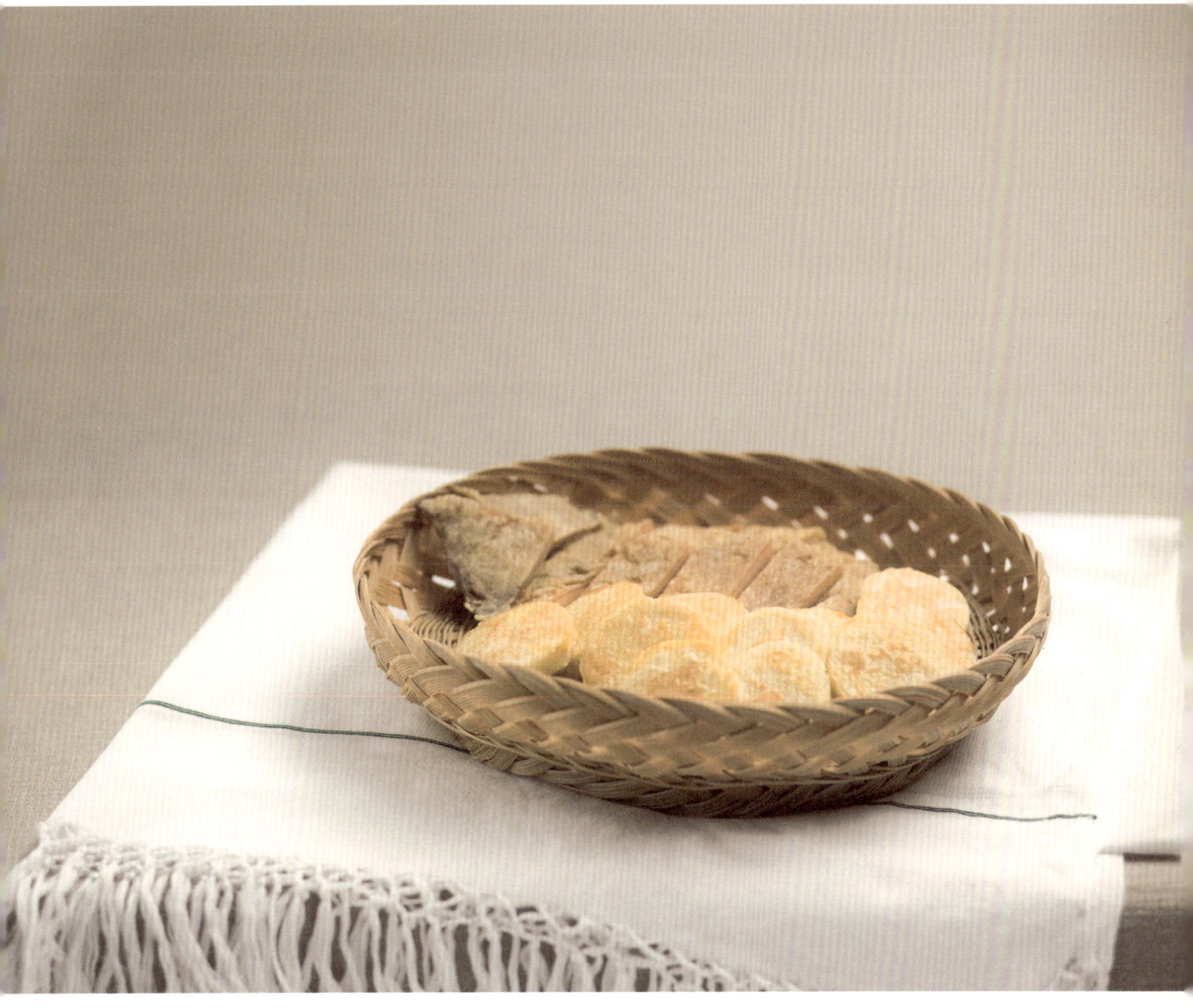

내가 지금 이렇게 음식과 관련한 직업을 갖게 된 것은 상당 부분 엄마의 음식 솜씨 덕분이다. 요리 잘하는 엄마의 음식을 먹고 자랐기에 미각이 발달한 것은 물론, 음식에 끊임없이 관심을 가질 수 있었던 것이다. 학창 시절에도 난 엄마의 솜씨 덕을 톡톡히 보았다. 친구들 사이에서 내가 싸오는 도시락 반찬은 늘 인기 만점이었다. 특히 대구포 무침은 순식간에 동이 나서, 엄마는 아예 친구들과 나눠 먹으라며 반찬통 두 개에 담아주시곤 했다. 그런 날의 점심시간에는 반 아이들이 모두 내 주위로 몰려들어 대구포 무침을 먹으며 야단법석이 났다. 맛있다는 친구들의 찬사에 어찌나 기분이 좋고 우쭐하던지. 대구포를 물에 살짝 불린 다음 고추장 양념을 해서 조물조물 무친 게 다인 그 반찬이 왜 그렇게 맛이 있었을까? 그 이유가 궁금해 음식을 만드는 엄마의 손을 가끔 물끄러미 바라보곤 한다. 나이 드시면서 마디마디 굵어지고 거칠어졌지만, 재료를 솜털처럼 다루는 그 노련한 손길은 흉내 낸다고 되는 게 아니다. 평범한 나물이나 대구포가 기가 막힌 맛을 낼 수 있는것은 역시 엄마만의 그 '조물조물'의 강도와 손맛 덕분이다.

남다른 맛의
대구포 무침

엄마의 대구포 무침 맛의 비결은
양념장에 있다.

대구포 무침
대구포 200g
양념장 고추장 2큰술, 고춧가루 1큰술, 진간장 1작은술, 다진 파 1큰술,
다진 마늘 1큰술, 설탕 1/2큰술, 깨소금 1작은술, 참기름 2작은술

1 대구포를 길이 4cm, 폭 2cm 크기로 자른 뒤 물에 살짝 담갔다가 체에
받쳐 물기를 없앤다.
2 분량의 재료를 섞어 양념장을 만든 뒤 준비해놓은 대구포에 양념장을
넣고 버무린다.

엄마가 만드는 수많은 음식 중 으뜸가는 백미는 생선찌개다. 생선찌개를 먹을 때마다 아버지와 나는 농담 하나 안 보태고 진지하게 이것은 '특허감'이라고 말한다. 물론 그럴 때마다 엄마는 무슨 말도 안 되는 소리를 하냐며 넘기시지만, 기분 좋은 듯한 미소만은 감추질 못하신다. 엄마의 생선찌개는 눈으로 보면 찌개와 조림의 중간 단계에 가깝다. 조림이라고 불러도 무리가 없을 정도로 국물이 자박자박하다. 찌개를 끓일 때에도 냄비가 아닌 중국식 웍을 사용한다. 생선은 주로 대구를 쓰는데, 맛의 비결은 역시 양념장의 배합에 있다. 재료는 심플한데 복합적이고 깊은 맛이 나는 비결은 아무래도 양념장인 것 같아서, 옆에서 아무리 지켜보며 따라 해봐도 똑같은 맛은 절대 나오지 않는다.

요즘은 엄마의 음식을 그대로 재현한다는 것은 불가능한 일이라는 생각이 든다. 엄마만의 생선찌개도 마찬가지다. 그 맛의 근사치에라도 접근하는 것이 지금의 내 목표다. 이처럼 엄마의 음식은 내게 첫 번째 스승이자, 마지막 보루와 같다. 나라는 사람을 빚고 성장시킨 것은 엄마의 마음과 음식이니까. 살면서 내가 먹은 음식은 대부분 엄마의 손으로 만든 것이었다. 돌이켜보면 평생 엄마에게 '음식 공양'을 받으며 살아온 것 같아 한없이 고맙고, 그만큼 돌려드리고 싶다는 다짐을 하게 된다. 자신의 손맛을 이어받은 딸의 음식을 맛보는 엄마의 마음도 조금은 뿌듯할 거란 믿음을 가져본다.

오묘하고 깊은 맛,
생선찌개

생선찌개
생태 1마리, 무 1/4개, 대파 1대, 쑥갓 적당량, 양파 1/2개, 두부 1/2모, 천일염 약간, 물 4컵
양념장 고춧가루 2큰술, 다진 마늘 1큰술, 참기름 1작은술, 국간장 1/2큰술, 청주 2큰술

1 손질된 생태를 구입하여 적당한 크기로 토막 낸다.
2 무와 두부는 각각 0.8cm, 4×3×1cm로 자르고, 양파는 반달 모양으로 굵게 채 썰고 대파는 어슷썰기로 준비해둔다.
3 분량의 재료를 잘 섞어 양념장을 만든다.
4 냄비에 물과 천일염을 약간 넣고 무를 넣고 끓인다.
5 무가 어느 정도 익으면 생선과 양파, 양념장을 넣고 10분 정도 끓이다가 두부를 넣고 약한 불에서 5분 정도 더 끓인다.
6 마지막으로 대파와 쑥갓을 넣고 한소끔 더 끓인다.

생선찌개는 한식기나 일식기 어디에 담아도 잘 어울린다. 붉은 국물은 검은색 그릇에 담으면 한층 세련돼 보인다.

정을 나누는 음식 선물

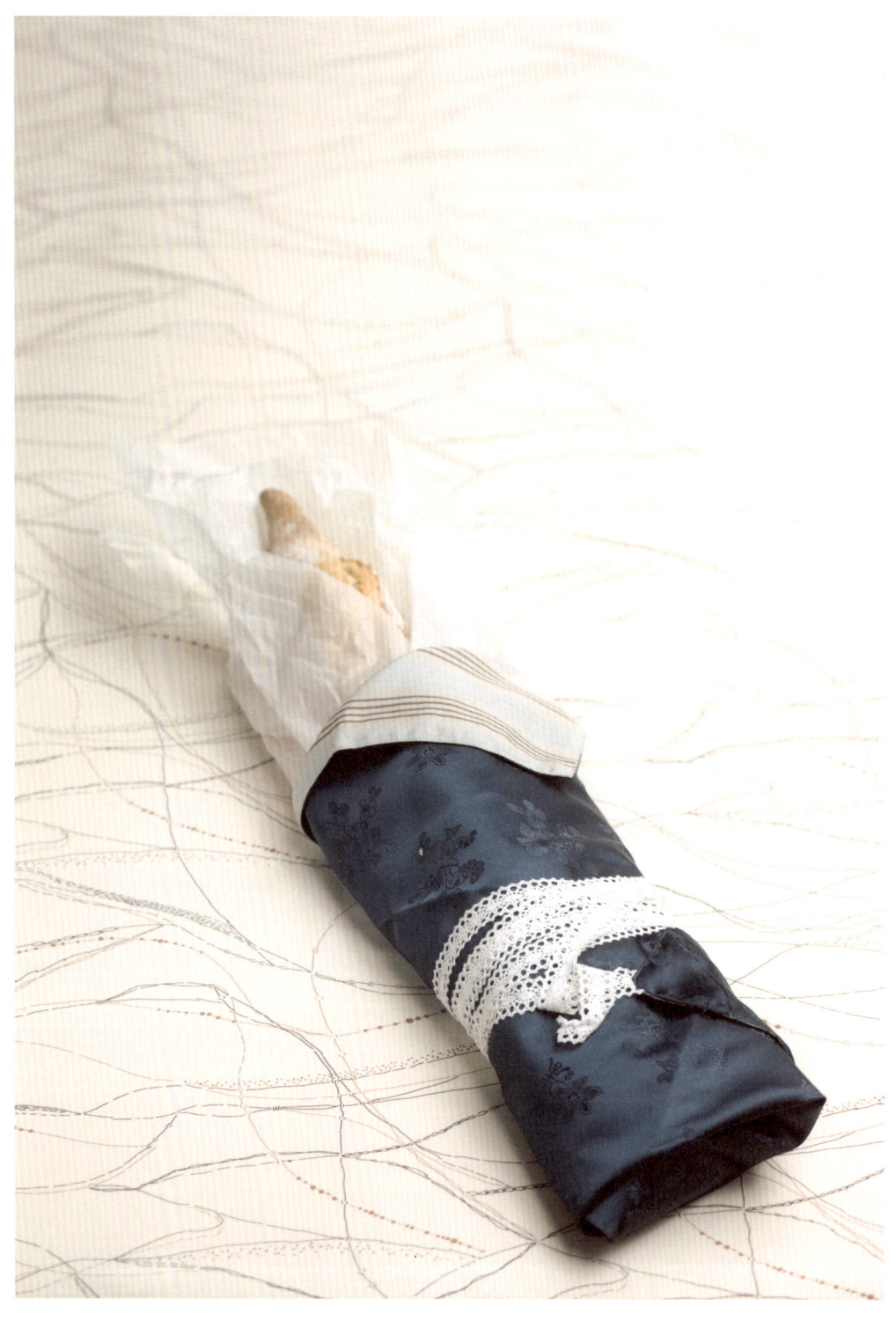

바게트와 보자기

친구네 집에 가볍게 놀러갈 때, 오후 3시 즈음 함께 일하는 잡지사 사무실에 방문할 때, 난 종종 바게트를 사간다. 바게트의 심플한 맛은 받는 이들에게 부담을 주지 않는 적당함을 갖추고 있기 때문이다. 그러다 보니, 수많은 빵집의 바게트를 두루 섭렵하면서 한 가지 깨달은 점이 있다. 바게트의 맛을 빵집의 수준을 가늠하는 기준으로 삼아도 무리가 없다는 것이다. 마음에 드는 빵집을 발견하면 없는 시간을 쪼개서라도 꼭 들러 바게트를 구입하는데, 그렇게 애써 골라가면 모두 반응이 좋아 내가 만들기라도 한 양 어깨가 으쓱해진다.

물론, 거기에 나만의 정성이 한 가지 더해지기는 한다. 빵을 사면 대부분 비닐이나 유산지에 포장해주는데, 난 천으로 한 번 더 싸서 받는 사람의 눈을 먼저 즐겁게 해준다. 일단 유산지로 바게트를 잘 감싼 다음에 매끈한 실크 보자기로 감싸주면 고급 선물의 느낌을 낼 수 있다. 마무리로 레이스 끈으로 묶어주면 실크 보자기와 의외로 잘 어울려 종종 애용하곤 한다. 보자기나 끈 종류는 동대문 시장에 갈 때마다 천을 끊어서 바느질집에 맡겨 만드는데, 들인 수고와 비용에 비해 크게 기뻐하고 좋아하는 사람들을 보는 재미에 이젠 습관이 됐다.

디저트는 마지막 순간엔 달콤함이 나를 기다리고 있다는 기대감을 준다. 커피와 함께 달콤함을 즐길 수 있다는 안도감은 덤이다. 베이커리도 유럽 못지않게 다양해지고 디저트 카페도 쉽게 만날 수 있는 요즘에는 디저트에 대한 사람들의 안목도 무척 높아졌다. 나는 디저트로 케이크와 푸딩을 즐겨 먹는데, 특별한 맛이 필요한 자리엔 꼭 가지고 가는 케이크가 하나 있다. 바로 레몬 폴렌타 케이크. 이 케이크에는 밀가루가 들어가지 않고 이탈리아 요리에 쓰이는 폴렌타라는 옥수수 가루가 들어간다. 단맛은 필요한데 밀가루가 별로 당기지 않을 때 먹기 좋다. 뉴욕에서 공부할 때 이 케이크를 자주 먹곤 했는데, 우리나라에서는 만드는 곳을 찾을 수가 없어서 아쉬움이 컸다. 그러던 중 런던과 파리에 있는 '로즈 베이커리'가 서울에도 생기면서 비로소 폴렌타 케이크를 다시 맛볼 수 있게 됐다. 이곳의 레몬 폴렌타 케이크는 입 안에서 톡톡 터지는 듯한 식감이 일품이다. 그 맛은 마치 오랜만에 만난 친구들과의 모임에서 나도 모르게 터져 나오는 웃음과 닮아 있다.

톡톡 터지는 웃음을 닮은
폴렌타 케이크

지금도 거의 대부분을 부엌에서 살고 있지만, 나는 어렸을 때부터 유독 음식 만드는 것을 좋아했다. 그보다 더 좋아했던 것은 내가 만든 음식을 남에게 대접하는 것이었다. 초등학교 시절, 내가 동생들을 위해 처음으로 만든 음식이 바로 샌드위치였다. 재료 각각의 맛을 고려하고, 그것들을 섞으면 어떤 맛이 나올지 상상하며 샌드위치를 만들던 순간을 지금도 또렷하게 기억하고 있다.

자상한 만큼 엄하기도 하셨던 부모님은 나와 동생들에게 생활 계획표를 짜주시곤 했는데, 하루 중 가장 손꼽아 기다린 순간이 간식 시간이었다. 엄마는 늘 간식을 직접 만들어주셨는데, 그날은 무슨 일인지 내가 샌드위치를 만들어 동생들을 배불리 먹였다. 오이와 계란, 스팸을 넣어 만든 이 샌드위치는 그때 이후 자주 만들어 먹게 됐다. 어린 시절을 함께 보낸 친구들을 만날 때 나는 가끔 이 샌드위치를 만들어간다. 소박하지만 어쩐지 그리운 맛이 나는 이 샌드위치를 내밀면 친구들은 하나같이 반색을 하며 좋아한다. 샌드위치를 포장할 때는 유산지가 가장 심플하고 편하다. 유산지로 한 번 싼 다음 상자에 넣어도 좋고, 스웨이드 끈으로 묶어도 무척 예쁘다. 눈앞에서 두근거리는 눈빛으로, 샌드위치를 묶은 끈을 살며시 푸는 지인의 모습은 언제 봐도 기쁘다.

추억이 차곡차곡 들어찬
샌드위치

샌드위치
식빵 8조각, 스팸 1캔(340g), 달걀 8개, 오이 1개
소스 케첩, 마요네즈, 머스터드 적당량

1 오이는 식빵 길이로 잘라서 8등분하고, 스팸도 8등분해서 노릇노릇하게 굽는다.
2 달걀은 잘 풀어서 기름을 살짝 두른 팬에 부친 다음 식빵 크기에 맞춰 자른다.
3 토스터에 구운 식빵에 케첩, 마요네즈, 머스터드를 적당히 섞어 만든 소스를 바른다.
4 소스를 바른 식빵 위에 오이, 계란, 스팸 순으로 얹어 샌드위치를 만든다.
5 먹기 좋은 크기로 자른다.

멸치는 요리할 때 두루두루 쓰이는 부엌의 팔방미인이다. 멸치만큼 음식 맛을 내는 데 중요한 역할을 하는 식재료도 드물기 때문에 요리를 즐기는 지인들에게 가끔 선물로 보내준다. 특히 나는 은백색에 금빛이 은은하게 깔린 죽방멸치를 애용하는데, 그중에서도 크기가 가장 큰 국물용 멸치를 선호한다. 그것으로 국물을 내면 그 어떤 것도 따라올 수 없는 풍미를 느낄 수 있기 때문이다. 죽방멸치의 위력을 느낄 수 있는 것은 국물 맛뿐만이 아니다. 고가의 식재료인 만큼 포장에도 그 화려함을 담고 싶게 만든다. 얼마 전, 고마운 이들에게 죽방멸치를 선물하면서 반짝이는 은색이 더욱 돋보일 수 있도록 고급스러운 상자에 담아보았다. 상자는 받은 이가 재사용하거나, 혹은 누군가에게 선물할 때 재활용할 수 있다. 버리는 것 하나 없이, 돌고 도는 쓰임새를 함께 선물한 셈이다.

죽방멸치의 풍미와 쓰임새

떡과 한과는 흔하다고 생각하는 경우가 많은데, 사실 선물용으로 이처럼 예쁘고 실용적인 음식은 드물다. 나는 주로 하나씩 포장돼 있는 떡과 한과를 종류별로 구입해 천으로 만든 주머니에 넣어서 선물한다. 선물에 담고 싶은 마음처럼 반듯한 모양도 보기 좋지만, 받은 이가 재활용할 수 있다는 장점 때문이다. 떡이나 한과 같은 전통 음식은 보자기로 복주머니 모양을 만들어서 포장해도 잘 어울린다. 마나 리넨, 실크 등의 소재로 여러 가지 색감의 보자기나 다양한 모양의 주머니를 만들어두면 선물 포장할 때마다 고민할 일이 없다. 고급 천으로 조심스레 감싼 음식은 아무리 평범한 것이라 해도, 눈으로 먼저 고마운 마음을 느낄 수 있게 해준다. 마무리할 때의 센스와 정성이 작은 것도 크게 만들어준다는 점을 잊지 말자.

주머니에 곱게 담은
떡과 한과

술을 즐기는 사람이 가장 좋아하는 선물은 단연 술이다. 우리나라 전통주도 훌륭하지만, 나는 선물용 술은 주로 와인이나 샴페인을 애용한다. 와인이나 샴페인은 가능하면 무리를 해서라도 받는 사람에게 최고의 맛을 즐기게 해주고 싶다. 시간이 날 때마다 천을 매치시켜 와인 포장용 주머니를 만드는데 이 주머니에 와인을 넣으면 고급스러운 분위기가 난다. 주로 벨벳과 실크, 리넨과 실크, 면과 벨벳 등 다른 종류의 천 두 가지를 사용해 겉과 안을 다르게 만든다.

주머니를 직접 만든다고 하면, 대부분의 사람들이 지레 못한다고 고개를 내젓는데 막상 해보면 무척 쉽고 시간도 얼마 걸리지 않는다. 무엇보다 완성된 긴 주머니에 와인을 넣고, 목 부분을 리본으로 묶을 때는 뿌듯하기 그지없다. 주머니의 색깔은 주로 보색을 이용하고 가끔은 패턴이 있는 것으로 만들기도 한다. 와인 선물을 할 때는 스토퍼 등 와인 액세서리를 하나씩 곁들이기도 한다.

최고의 기분을 선사하는 와인과 샴페인

혼자 사는 친구들에게는 두고두고 먹을 수 있는 음식이 선물로 좋다. 그중에서도 약고추장은 입맛 없을 때 반찬으로 훌륭하고, 다른 음식을 만들 때 사용할 수도 있어서 쓸모가 많다. 친구들이 약고추장 타령을 할 때면, 좋은 고추장을 사거나 엄마가 담근 집고추장을 얻어와 직접 볶아서 만드는데, 완성된 약고추장엔 역시 보자기가 가장 잘 어울린다.

이왕이면 다홍치마라고, 받는 사람도 기분 좋고 만든 사람도 나름의 긍지를 느낄 수 있도록 뚜껑 있는 합이나 단지 등에 약고추장을 담고 면 손수건으로 포장한다. 작은 사이즈의 보자기를 사용하면 전통적인 분위기가 나고, 손수건을 이용하면 캐주얼한 느낌을 줄 수 있다. 가끔 내게 약고추장을 선물 받았던 친구들이 빈 단지를 깨끗이 씻어 고이 보관하고 있는 모습을 보면 다시 그 단지에 잘 볶은 약고추장을 채워주고 싶어진다.

두고두고 먹을 수 있는
약고추장

약고추장
고추장 1컵, 다진 쇠고기 1/2컵, 참기름 2큰술, 다진 마늘 1/2큰술, 설탕 2큰술, 꿀 3큰술

1 쇠고기는 곱게 다져 냄비에 참기름을 두르고 다진 마늘과 함께 볶는다.
2 쇠고기가 완전히 익으면 고추장을 넣고 다시 한 번 볶은 뒤 설탕과 꿀을 넣고 윤기가 날 때까지 볶는다.

우리 집에서는 가족들이 오트밀 쿠키를 좋아해서 직접 만들어 먹는데, 그럴 때마다 일부러 많이 만든다. 나와 가족들도 먹고, 지인들에게도 나눠주기 위해서다. 오트밀 쿠키는 과자 종류를 좋아하지 않는 이들도 부담 없이 먹을 수 있는 담박한 맛이 일품이다. 희미한 생강 향과, 가끔씩 씹히는 건포도와 호두는 건강한 음식을 먹는다는 느낌을 주기도 한다.

오트밀 쿠키는 가능하면 속이 비치는 소재의 박스에 넣어 그 예쁜 형태가 눈에 보이도록 포장하는 것이 어울린다. 여기에 리본이나 레이스 등 다양한 재료의 끈으로 묶어주기만 해도 멋지다. 끝까지 보송보송한 상태로 먹을 수 있도록 밀봉이 가능한 작은 합 등에 담아주는 것도 좋다.

담박한 맛의 오트밀 쿠키

오트밀 쿠키

버터 1/2컵, 설탕 1/2컵, 흑설탕 1/2컵, 달걀 1개, 바닐라 에센스 1/2작은술, 시나몬 1/4작은술, 너트멕 1/4작은술, 진저파우더 1/4작은술, 밀가루 3/4컵, 소다 1/2작은술, 소금 1/2작은술, 오트밀 1과 1/2컵, 건포도 1/2컵, 호두 1/2컵

1 오븐은 190℃로 예열한다.
2 밀가루에 시나몬, 너트멕, 진저와 소다, 소금을 섞어 체에 내린다.
3 실온에 둔 버터와 설탕, 흑설탕, 달걀, 바닐라 에센스를 손으로 섞는다.
4 2와 3을 손으로 섞은 뒤 오트밀, 건포도, 월넛을 넣어 가볍게 섞어준다.
5 베이킹 시트에 반죽을 지름 3cm 크기로 동그랗게 떼어놓고 오븐에 넣어 약 10분간 윗면이 노릇해질 때까지 굽는다.

지라시즈시는 내가 매우 좋아하는 음식 중 하나다. 나 스스로에게 음식 선물을 하고 싶을 때 만들어 먹기도 하고, 누군가에게 밥을 해 가야 할 때 가장 먼저 떠오르는 메뉴이기도 하다. 상대방이 좋아하는 스시 재료를 알고 있으면 만드는 데 도움이 되며, 밥 양념이 맛있게 되면 절반은 성공한 것이다. 부지런히 다시마를 넣어 밥을 짓고, 단촛물을 부으며 살살 밥알을 섞고, 새우며 달걀말이 등을 만들고 있노라면 곧 완성될 그림이 궁금해 손이 점점 빨라진다. 때로는 화려하게, 때로는 심플하게 완성된 지라시즈시를 담은 도시락의 뚜껑을 덮을 땐 가슴이 두근거린다. 대표적인 일본 음식이므로 포장은 역시 일본식이 어울린다. 일본풍의 도시락에 지라시즈시를 얌전히 담고 젓가락도 세심하게 준비하자.

그림처럼 아름다운
지라시즈시

지라시즈시
쌀 4컵, 김 2장, 연근 20g, 메추리알 12개, 낭근 1/2개, 잔 새우 150g, 바튼 표고버섯 2개, 죽순 통조림 150g, 쪽파 2뿌리, 다시마 1장(10×10cm 크기), 청주 약간, 레몬즙 약간, 소금 약간,
달걀말이 달걀 4개, 설탕 1/2작은술, 맛술 2작은술, 소금 약간
당근 메추리알 조림 양념 간장 1큰술, 설탕 1큰술, 물 3큰술
단촛물 식초 3큰술, 설탕 3큰술, 소금 1과 1/2작은술, 물 1큰술
새우용 단촛물 식초 1/2컵, 설탕 5큰술, 소금 1작은술

1 쌀과 다시마를 넣고 밥을 고슬하게 지은 뒤 다시마는 빼낸다. 넓은 볼에 밥을 담고 단촛물을 부어 밥알이 부서지지 않게 주걱을 세워 고루 섞는다.
2 냄비에 간장, 설탕, 물을 넣고 설탕이 완전히 녹을 때까지 섞은 뒤 가늘게 채 썬 당근과 표고버섯, 삶은 메추리알을 넣고 조린다.
3 얇게 슬라이스한 연근은 단촛물에 함께 넣고 절인다.
4 잔 새우는 끓는 물에 살짝 데쳐 찬물에 헹구고, 한 번 끓여서 식힌 새우용 단촛물에 담궈둔다.
5 죽순은 깨끗이 씻어 사이에 끼어 있는 석회질을 없애고 얇게 저민다.
6 김은 살짝 구워 4cm 길이로 자르고 쪽파는 잘게 썬다.
7 달걀을 풀어 체에 내린 뒤 설탕, 맛술, 소금을 약간 넣고 두껍게 달걀말이를 한 뒤 식으면 주사위 모양으로 썬다.
8 밥 위에 준비한 재료들과 쪽파 등을 고루 얹는다.

스타일리스트의
부엌과 작업실

Stylist's Kitchen

음식과 마음을 더하는 공간,
부엌

부엌은 내게 가장 소중한 공간이다. 요리할 때 시간을 단축시킬 수 있는 동선과 편리성을 갖추어야 하는 것은 물론, 하루 중 가장 오랜 시간을 보내는 장소이므로 마음도 편안해야 한다. 지금의 스튜디오를 처음 보지마지 이사를 결심한 이유는 비로 자연광이 들이오는 지붕 때문이었다. 하늘 높이 솟은 지붕이 통유리로 감싸여 있어, 맑은 날이면 늘 따뜻한 빛이 부엌에 머물다 간다. 촬영을 할 때도 은은한 자연광이 큰 역할을 해준다. 스튜디오에 들어설 때마다, 부엌에 내리쬐는 빛을 볼 때마다 이처럼 좋은 공간을 찾아서 참 다행이라는 생각을 한다.

이 공간을 최대한 활용하기 위해 제법 오래 고심하며 부엌을 디자인했다. 나는 부엌은 불을 사용하는 공간이기 때문에 오히려 차가운 느낌이 나는 것을 선호한다. 그래서 주재료는 콘크리트, 날철, 투명유리를 사용했다. 특히 신경을 많이 쓴 부분은 2개의 부뚜막으로, 직접 디자인하고 거푸집을 짜서 제작했다. 부뚜막 때문에 첫인상은 다소 차갑지만, 천창에서 쏟아지는 햇볕 덕분에 따뜻한 분위기가 감돈다.

이런저런 촬영을 하거나, 스타일링 준비 등의 작업을 끝낸 후 마지막에 하는 일은 언제나 부엌 정리다. 막 세수한 아이처럼 청결하게 보이면 좋겠다는 마음으로 열심히 청소를 하고 부엌을 가꾼다. 외출하기 전 옷매무새를 가다듬는 기분과 비슷하다. 하루 일과를 마치고 집으로 향하기 전, 말끔하게 정리해놓은 부엌을 늘 한 번씩 훑어본 후 불을 끈다.

Stylist's Kitchen

Stylist's Kitchen

Stylist's Kitchen

여력이 있다면 조리 공간은 넉넉하게 확보해야 요리하는 데 무리가 없다. 나는 싱크대마다 가스레인지를 설치해 동선을 최대한 줄였다. 앞에서 많은 음식 이야기를 했지만 사실 작업실에 손님이 왔을 때 내가 가장 많이 해주는 요리는 스테이크다. 의외로 손이 덜 가고 빠르게 만들 수 있으면서 제대로 대접받은 느낌을 주기에 안성맞춤이기 때문이다. 고기에 소금과 후춧가루를 뿌릴 때는 멀리서 뿌려야 표면에 골고루 묻고, 올리브유를 살짝 붓고 반드시 손으로 문질러야 맛이 좋다. 여기에 작업실에서 키우는 로즈마리나 타임 같은 허브를 그때그때 적당히 사용한다.

칼과 도마는 쓰임새에 따라 여러 가지를 갖춰놓고 있다. 도마는 고기, 생선, 채소, 과일 등 용도에 맞게 따로 사용하는 것이 좋은데, 여러 가지 컬러의 도마를 사용하면 구분하기에 편리하다. 김치를 자를 때는 빨간색을, 채소를 손질할 때는 녹색을 쓰는 식이다. 칼은 독일제인 솔리컷을 사용한다. 다른 칼들과 비교했을 때 솔리컷 날은 매우 얇지만 강도가 세다. 이른바 명품이라 불리는 칼은 그럴 만한 이유가 있지만, 사실 칼은 사용하는 사람 나름이다. 어떤 칼이 좋은지는 사람에 따라 다르므로 직접 손에 잡아본 다음 편한 것으로 구입해야 한다. 칼도 도마와 마찬가지로 여유가 있으면 용도 별로 구분해서 사용하면 좋다.

다양한 크기와 종류의 계량컵은 부엌에 꼭 갖춰놓아야 하는 물건 중 하나다. 요리에 서툰 사람일수록 계량스푼과 계량컵을 사용하는 습관을 들이면 좋다. 숟가락이나 컵으로 대강 계량해서는 실패할 가능성도 많을뿐더러 발전하기도 어렵다. 요리도 과학이란 말은 괜히 나온 게 아니다. 계량컵 옆에 있는 수저는 식사용이 아니라 조리할 때 사용하는 것인데, 늘 사용하는 것이라 더욱 멋진 용기에 담아 깨끗하게 세탁한 천으로 덮어놓는다.

치즈나이프는 그 자체로 모양이 예쁘고 종류도 매우 다양해서 모으는
재미가 제법 쏠쏠하다. 치즈를 잘라본 사람은 알겠지만 생각보다
자르기가 쉽지 않다. 칼에 묻어나오는 경우도 많아서 오히려 조각
치즈를 선호하는 사람이 많을 정도. 하지만 치즈는 역시 덩어리로
구입하여 즉석에서 잘라야 제맛이 난다. 치즈나이프는 경성치즈와
연성치즈 등 치즈 종류에 따라서 다르게 사용한다. 또한 일반 도마를
쓰는 것보다는 전용 도마를 정해놓고 사용해야 치즈 본연의 맛을 즐길
수 있다. 아무리 고급 치즈라도 다른 음식 냄새가 배거나 예쁘게
잘려지지 않아 모양이 상한다면 그 맛도 줄어 늘 신경 쓰고 있다.

나는 사람들이 보면 깜짝 놀랄 정도로 다양한 주전자를 갖추어놓고
있다. 차를 끓일 때나 내갈 때 사람들의 시선은 주전자에 모이게
마련이다. 눈에 띄는 주전자 하나로 주인장의 센스가 올라가는 셈이다.
이 모던한 주전자는 그 많은 주전자 중에서 내가 가장 좋아하는 것으로
밈 디자인 것이다. 유일하게 직화가 가능한 흙으로 빚어 불에 직접
올려도 된다.

부엌 한쪽에 커피 머신을
갖춰놓기는 했지만, 나는
모카포트에서 직접 추출한
커피를 좀 더 좋아한다.
시간이 부족할 때는
간편하게 커피 머신을
사용하지만, 진하고 한층
구수한 커피 향이 그리울
때면 늘 모카포트를 레인지
위에 올려놓는다.
모카포트를 이용해 커피를
뽑는 날에는 우유로 거품도
직접 내서 올려 마신다.

절구는 재질에 따라서 빻아지는 모양이 달라 많이 갖추고 있을수록
유용하다. 곡식을 빻는 것, 허브를 빻는 것, 향신료를 빻는 것 등
재료마다 절구를 따로 사용해야 요리할 때 향이 섞일 염려도 없다.
촬영할 때 소품으로 놓아도 잘 어울려 필요할 때마다 하나 둘 모으다
보니, 어느덧 모양도 느낌도 다른 절구들을 여러 개 갖춰놓게 됐다.

오래된 물건들은 훌륭한 인테리어 소품 역할을 한다. 세월의 더께가
쌓인 물건, 잘 관리된 물건은 어디에서건 그럴 듯한 존재감을 뿜어낸다.
친한 친구의 어머니께 선물 받은 이 떡시루는 40년 넘게 사용해온
것으로, 내가 정말 사랑하는 물건이다. 전통적인 음식을 만드는
도구지만, 의외로 모던한 느낌을 자아내 볼 때마다 감탄한다. 공간을
채울 때 일관된 스타일을 고집할 필요는 없다. 이처럼 모던한 공간과
전통적인 오브제도 얼마든지 잘 어울릴 수 있다.

Stylist's Studio

안목과 취향을 기르는 공간,
작업실

작업실은 곧 내 세계다. 내가 어떤 식으로 세상과 사물을 보는지, 어떤 물건을 사랑하는지, 어떤 스타일을 고수하는지 작업실에 담고 싶었다. 공간은 뼈대로만 기능할 수 있도록 군더더기를 모두 덜어냈다. 천장과 기둥을 노출시키고, 벽이나 바닥은 최대한 비어 보이도록 콘크리트 상태로 마감했다. 일견 차가워 보이는 공간은 신중하게 선택한 가구와 집기, 오랜 세월 수집해온 각종 소품과 책 그리고 음반들로 하나하나 채웠다. 이렇게 완성된 작업실은 곧 나란 사람이 어떤 취향을 갖고 있는지 말해주고 있다.

나는 물건을 고를 때 예쁜 것도 물론 끌리지만 실용적이고 기본에 충실한 디자인을 선호한다. 사람과 마찬가지로 물건도 기본에 충실한 것은 쓰면 쓸수록 그 가치가 더욱 돋보인다. 그릇이건 책이건 소품이건 워낙 수집하는 것이 몸에 배서 차곡차곡 쌓아두었다가, 지인들에게 선물을 하는 것도 즐긴다.

이처럼 스타일리스트로 일하기 위해선 꾸준히 취향을 단련하며 안목을 키우는 것이 필요하다. 비단 음식에 관련된 것들 외에도 나는 기본적으로 미술, 디자인, 가구, 책, 음악 등 여러 분야에 관심이 많은데 이는 스타일리스트로서 기본적인 소양을 키우기 위해선 꼭 필요한 자질이라 생각한다.

Stylist's Studio

그릇은 아무리 모아도 끝이 없다. 새로운 그릇, 마음에 드는 그릇을 발견하면 머릿속에선 벌써 그것과 어울리는 음식을 고르고 테이블 세팅을 하고 있다. 오랜 시간에 걸쳐 하나하나 수집해온 그릇들로 가득 찬 장을 보면 절로 뿌듯해진다. 나 자신이 요리를 하는 사람이고, 주변에 음식과 관련된 일을 하는 사람들이 많아 음식 다음으로 가장 많이 주고받는 선물이 그릇이기도 하다. 그릇 선물은 멋지게 포장하는 것도 중요하지만 깨지지 않게 하는 것이 우선이다. 특히 깨지기 쉬운 도자기 종류는 무조건 에어캡으로 몇 겹이고 싼다. 그런 다음 색깔이 있는 한지나 두꺼운 리본으로 한 번 묶어주면 튼튼할 뿐 아니라 보기에도 멋스러워 늘 이렇게 선물을 하고 있다.

촛대, 앤티크 꽃병, 빈티지 저울 등 인테리어 소품으로 쓸 만한 물건들을 꾸준히 수집하고 있다. 위의 주황색 촛대처럼 형태도 특이하고 색깔도 강렬한 소품은 콘솔 테이블 위에 하나만 올려놓아도 근사한 장식품이 된다. 녹색의 앤티크 꽃병은 굳이 꽃을 꽂지 않아도 고풍스러운 느낌을 자아낸다. 낡았지만 지금도 사용할 수 있는 빈티지 저울은 공간에 시간의 무게를 더해준다.

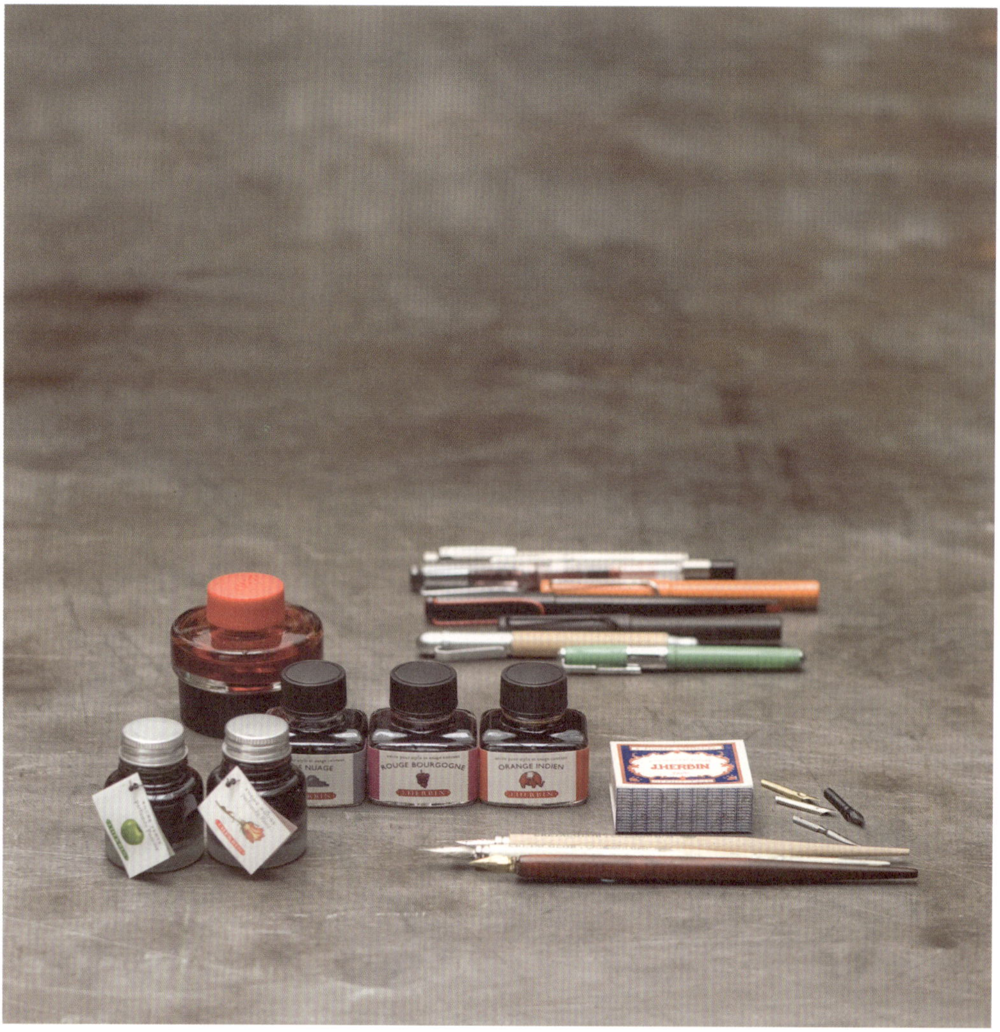

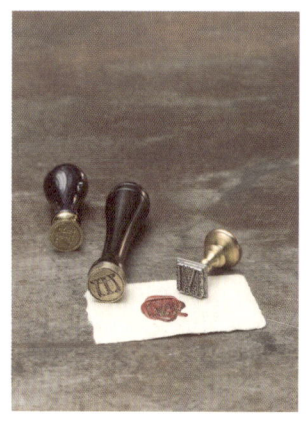

난 각종 문구에도 관심이 많은 편인데, 특히 초등학교 때부터 써온 만년필은 여전히 즐겨 쓰고 있다. 예전에는 만년필을 쓰는 사람들이 많아서 그다지 눈에 띄지 않았는데, 지금은 만년필로 뭔가를 쓰고 있으면 사람들이 꼭 구경을 하며 질문을 한다. 요즘은 잉크의 색도 다양할뿐더러, 펜촉의 굵기 또한 매우 세분화되어 있어 용도에 맞게 골라 쓸 수 있다. 가끔 지인에게 만년필로 편지를 쓸 때는 왁스실로 밀봉을 하기도 한다. 정성스레 비트왁스를 녹여서 촛농처럼 봉투에 떨어뜨린 다음 도장을 찍을 때면 마치 유럽의 귀족이라도 된 듯한 기분이 든다.

외국으로 여행을 갈 때마다 독특한 디자인의 수첩을 사는 것을 잊지 않는다. 직접 사용하기도 하고, 수첩을 좋아하는 지인들에게 선물하기 위해서다. 수첩은 대부분 그 자체로 예쁘기 때문에 잘 보이도록 포장하는 것이 좋다. 나는 주로 컬러풀한 습자지를 수첩 크기의 반 정도로 접어서 수첩의 가운데 부분을 감싸는 방식을 사용한다. 마무리로 보색의 리본 테이프를 골라 한쪽만 고리를 만들어 습자지 중간에 묶으면 한결 멋스럽다.

이미 많이 갖고 있지만 소품 가게에 들를 때마다 꼭 사게 되는 것이 바로
앞치마다. 이렇게 사모은 앞치마는 주로 요리를 배우고 싶어 하는
지인이나 학생 들에게 선물한다. 예쁜 앞치마를 두르면 누구든지 어서
부엌으로 들어가고 싶어지지 않을까.

앞치마와 더불어 행주 또한 예쁜 것만 보이면 사두었다가 선물하곤
한다. 요리를 좋아하는 사람에게는 주방 용품만큼 기쁜 선물이 없고
특히 행주처럼 늘 사용하는 물건은 선물 받지 않으면 좋은 것을 사기가
어렵기 때문이다. 행주 또한 거창하게 전체를 다 포장하기보다는
습자지로 가운데 부분만 싸서 선물이라는 것만 알 수 있도록 한다.

나는 초를 무척 좋아해서 꾸준히 모으고 있다. 초는 스타일링 작업을 할 때 다양한 분위기를 연출하는 소품으로도 훌륭하고, 선물용으로도 그만이다. 누군가에게 선물을 할 땐 평소에 갖고 싶었지만 비싸거나 실용성이 떨어져 잘 사지 않는 것을 주는 것이 좋다. 상대방이 좋아하는 향에 따라 초를 고르고, 동대문시장 등에서 다양한 소재와 모양의 끈을 사놓으면 포장의 폭이 넓어진다.

모양도 예쁘고 향기도 좋은 비누와 향은 여자들에게 선물하면 좋은 아이템이다. 특히 비누와 향은 나라마다 그 모양과 향기가 다르기 때문에 여행을 가면 잊지 않고 구입한다. 될 수 있으면 자연향이 들어간 수제품을 구하려고 하는데, 이런 제품들은 직접 쓰지 않아도 인테리어 소품이나 방향제로도 그 역할을 톡톡히 한다. 제품 자체가 워낙 예뻐 포장은 거의 필요 없다. 끈으로 한 번 묶거나 레이스 등을 살짝 둘러주는 선에서 마무리한다.

초판 인쇄 2011년 2월 21일 | 초판 발행 2011년 2월 28일

지은이 김정민 | 펴낸이 정민영
기획 남진희 | 사진 김대식 | 책임편집 주상아 | 편집 손희경 | 디자인 문성미 | 마케팅 이숙재 | 제작처 영신사
펴낸곳 (주)아트북스
출판등록 2001년 5월 18일 제406-2003-057호
브랜드 앨리스
주소 413-756 경기도 파주시 교하읍 문발리 파주출판도시 513-8
대표전화 031-955-8888 | 문의전화 031-955-7977(편집부) | 031-955-3578(마케팅)
팩스 031-955-8855 | 전자우편 artbooks21@naver.com

ISBN 978-89-6196-079-3 13590

마음을 담아내는 부엌

© 김정민 2011